"十三五"国家重点图书

中国少数民族
服饰文化与传统技艺

瑶 族

刘红晓◎编著

国家一级出版社
全国百佳图书出版单位
中国纺织出版社
·北京·

内 容 提 要

本书为中国纺织出版社获批的"十三五"国家重点图书"中国少数民族服饰文化与传统技艺"系列丛书中的一册。本书共分为两部分内容：上篇瑶族服饰文化，将全国的瑶族归纳为盘瑶、布努瑶、茶山瑶和平地瑶，并通过图文并茂的方式，展示了各个瑶族支系的服饰文化；下篇瑶族传统技艺，从纺纱、织布、织锦、印染、挑花、服饰工艺等内容进行撰写，并在每一分项中列举出几个最具瑶族特色的传统技艺进行阐述，如蓝靛染色、织花带、扎染、黏膏树脂染、数纱绣、贯头衣、大襟衣、对襟衣、狗尾衫、肚兜、百褶裙等传统工艺的制作方法。图文并茂，简明易懂。

图书在版编目（CIP）数据

中国少数民族服饰文化与传统技艺·瑶族 / 刘红晓
编著. —北京：中国纺织出版社，2019.10
　"十三五"国家重点图书
　ISBN 978-7-5180-5899-0

　Ⅰ. ①中… Ⅱ. ①刘… Ⅲ. ①瑶族—民族服饰—文化
研究—中国 Ⅳ. ①TS941.742.8

中国版本图书馆CIP数据核字（2019）第004851号

责任编辑：苗　苗　　责任校对：王花妮　　责任印制：王艳丽

中国纺织出版社出版发行
地址：北京市朝阳区百子湾东里A407号楼　邮政编码：100124
销售电话：010－67004422　传真：010－87155801
http://www.c-textilep.com
E-mail：faxing@c-textilep.com
中国纺织出版社天猫旗舰店
官方微博http://weibo.com/2119887771
北京华联印刷有限公司印刷　各地新华书店经销
2019年10月第1版第1次印刷
开本：889mm×1194mm　1/16　印张：15.75
字数：147千字　定价：98.00元

前　言

　　本书为"十三五"国家重点图书"中国少数民族服饰文化与传统技艺"丛书中的一册。同时也是2018年度国家社会科学基金项目《瑶族服饰文化在旅游文创产品中创造性转化的路径研究》（批准号18BMZ138）的阶段性成果。

　　"岭南无山不有瑶"充分说明了瑶族自古以来就是一个支系众多的民族，主要分布在广西、湖南、广东、云南、贵州和海南等地，具有鲜明的民族特色，分为4大支系，共包括16个分支40个小支。其中盘瑶、布努瑶分支较多，平地瑶较少，茶山瑶仅有一个分支。由于各支系所处的地理环境和生产生活方式的不同，产生了不同的风俗习惯和宗教信仰，于是形成了各支系不同的服饰文化和民间手工艺。这些不同的服饰文化和民间手工艺正是瑶族现实生活的体现，表达着他们古朴纯真的理想和追求。现如今在偏远的瑶族地区仍使用的染色技艺，便是瑶族人民利用大山中随处可见的蓝靛草（现今部分地区已经人工种植）作为染料进行染色的传统植物染方式；白裤瑶的黏膏树脂染，是利用该地区特有的黏膏树上的树脂和水牛油混合熬煮后的溶液作为防染剂的一种古老的蜡染技艺。他们的蜡染和挑绣图案呈现的都是自然界中常见的动物、植物和自然景观，借助这些图案表达他们对美好生活的向往和追求。这类利用当地特有动、植物及自然景观为灵感，创造出的民间手工艺不胜枚举。

　　由于民间手工艺的生产效率低，无法跟上现今社会高速发展的步伐，已经逐渐面临失传的局面。面对底蕴如此深厚，历史如此悠久，记载着瑶族各支系生产、生活历程的服饰文化和手工艺即将失传，当代学者有责任、有义务将中华优秀传统文化记录并保存下来，将其中的真谛展示给广大民众。为此，我们组织了服饰及非物质文化遗产各领域相关专家和学者参与此书的撰写工作。为了能更好地完成此书的撰写，多年来研究人员深入瑶族所在地区，收集和记录瑶族各支系的服饰文化及传统手工艺。在深入了解瑶族服饰文化和传统技艺的过程中，我们被瑶族人民淳朴的民俗民风、独特的手工艺、灿烂的服饰文化所感动，更增加了我们对中国少数民族优秀文化的热爱、眷恋和崇敬。所有参与者都兢兢业业、不辞辛苦，以志愿者的精神，以科学严谨的态度，撰写此书。

上篇瑶族服饰文化第一章瑶族概述、第二章瑶族服饰、下篇瑶族传统技艺的第六章染色工艺由广西科技大学刘红晓撰写；上篇瑶族服饰文化第三章发式、头巾及头饰由广西玉林技师学院李莹撰写；上篇瑶族服饰文化第四章瑶族服饰纹样、下篇瑶族传统技艺的第八章服饰工艺由广西科技大学陈丽撰写；下篇瑶族传统技艺的第五章纺织工艺由广西科技大学曹黄撰写；下篇瑶族传统技艺的第七章挑花工艺由广西科技大学鹿山学院于利静撰写；本书由刘红晓统稿修改。

本书通过图文并茂的方式将收集到的服饰文化资料展示出来，具体特色如下。

特色之一：分类清晰。本书系统地将瑶族进行了梳理和分类，是比较全面介绍中国瑶族的书籍。

特色之二：内容真实可靠。为了能够写好瑶族传统技艺部分内容，研究人员多年深入瑶族民间，搜集了大量珍贵的一手资料，将瑶族一些鲜为人知的传统技艺保存并记录下来。

特色之三：图文并茂。本书特别强调图文结合，以直观的形象——图示，细致剖析服饰文化及传统技艺，尤其是传统技艺部分，按工艺步骤详细阐述。

特色之四：撰写严谨扎实，具有突破性。传统技艺部分的某些内容，在之前从未有人撰写过，部分内容虽略有记载，但语焉不详。

笔者作为此书的主编在感到荣幸之至的同时也深感责任重大。希望能通过此书，让更多的人了解中华民族的优秀服饰文化，继承和发扬中华民族丰富且优秀的服饰文化和民族精神。在此特别感谢大尖头盘瑶李素芳、盘瑶赵凤香、花篮瑶兰桂英、花瑶张梅英和小尖头盘瑶金萍等许多的民族文化传承人给予的无私指导和帮助。

本书涉及内容广泛，书中错漏之处在所难免，还望广大读者批评指正。

刘红晓

2019年5月

目 录
CONTENTS

上篇　瑶族服饰文化

第一章
瑶族概述

第一节　瑶族人口及分布

　　瑶族是我国55个少数民族中的重要一员。据2015年全国1%人口（21312241人）抽样调查资料统计，我国瑶族有4.57万余人，占全国总人口的0.21%。瑶族分布地域辽阔，集中聚居在我国南方的广西、湖南、广东、云南、贵州、海南6个省区的134个市、县内。其中，广西壮族自治区瑶族人口最多，共有2.44万余人，占瑶族总人口的53.4%，主要分布在金秀、富川、恭城、都安、大化、巴马6个瑶族自治县以及龙胜、全州、灌阳、资源、平乐、荔浦、兴安、永福、临桂、融安、融水、贺州、钟山、昭平、宜州、南丹、东兰、天峨、凤山、马山、上林、上思、桂平、凌云、那坡、西林、田林、田东等市（县、区）；湖南省瑶族人口1.08万人，主要分布在永州、株洲、郴州、邵阳、怀化、衡阳等7个市和江华瑶族自治县以及江永、宁远、蓝山、新宁、桂东等县内；广东省瑶族人口0.52万余人，主要分布在粤北山区的乳源、连南、连山瑶族自治县以及阳山、连县等县内；云南省瑶族人口0.38万余人，主要分布在河口、金平瑶族自治县以及屏边、勐腊、麻栗坡、广南、富宁等县内；贵州省瑶族人口为0.055万人，主要分布在荔波、黎平、从江、榕江、麻江等县内；海南省瑶族人口不多，只有0.01万余人。

第二节　瑶族生活环境

　　瑶族居住的地区，地域辽阔，大部分地处祖国南疆，可以说是我国南方的山地民族，大部分散居在海拔1000m左右的高山林区，部分居住在生态环境比较恶劣的大石山区，少部分与汉族杂居在山坡边缘的丘陵或河谷地带。瑶族地理分布，东起广东乳源五岭山脉，西至云南勐腊、金平哀牢山，北起湖南永州九嶷山和辰溪山区，南达云南河口大围山和广西防城港市十万大山，其中五岭（越城岭、萌渚岭、骑田岭、都庞岭和大庾岭）、十万大山、都阳山、雪峰山、罗霄山、六韶山和哀牢山等山脉，山峦起伏，千溪万涧，纵横交错，形成了"南岭无山不有瑶"的分布格局，是我国瑶族的重要聚居地。

瑶族居住区地形复杂，除山区外，还有部分瑶族在河流两岸的丘陵谷地以及地势较平坦的山地居住，海拔100～400m。这些地方地势平坦、土地肥沃，水利条件较好，适宜种植水稻、玉米和甘蔗等作物，像恭城、富川等地，属于平地瑶，是经济较为发达的瑶族地区。从总体上看，瑶族地区无论平原还是山区，都地处亚热带，气候温和，雨水充沛，自然资源十分丰富，具有独特的资源优势。

第三节　瑶族的构成、族称及起源

一、瑶族的构成

（一）按语言划分

瑶族是一个不断迁徙，从游耕到定居的民族。在长期的历史发展过程中，由于居住分散，语言差异较大，风俗习惯各不相同，形成了不同的自称和他称。经过考察，根据瑶族语言的不同可划分为四大支系。

❶ 瑶语支——盘瑶支系

这部分瑶族自称为"尤绵""董本尤""土尤""谷岗尤""祝敦尤绵""坳标""标曼""史门""荆门""甘迪门""标敏""交公绵""藻敏"等，其语言属汉藏语系苗瑶语族瑶语支，这一语支的语言又分为3个方言、5个土语，即绵荆方言、标交方言和藻敏方言，其中绵荆方言包含尤绵土语、荆门土语、标曼土语，标交方言包含标敏土语和交公绵土语。

瑶语支瑶族人口最多，分布面较广，分布在6省、区，107个县、市内。其中，在绵荆方言中，讲尤绵土语的瑶族主要分布在广西的金秀、龙胜、临桂、永福、兴安、灌阳、资源、荔浦、贺州、三江、钟山、宜州、融水、田林、防城港等34个县、市；湖南省的江华、蓝山、宁远、郴州、新田、宜章、祁阳、双牌和城步等21个县、市；广东省的乳源、连南、曲江、连山、连县、始兴和阳山等12个县；云南省的金平、景东、富宁、麻栗坡、元阳和河口等9个县；贵州省的榕江、从江和三都等5个县。讲荆门土语的瑶族主要分布在广西的田林、凌云、金秀、百色、那坡、

第一章
瑶族概述

005

西林、上思、防城港和凤山等17个县、市、区；云南省的河口、麻栗坡、广南、金平、富宁、马关、勐腊、景洪、元阳、狮高、江城和红河等16个县、村。讲标曼土语的瑶族主要分布在广西的蒙山、金秀、昭平和平南4个县内。

在标交方言中，讲标敏土语的瑶族主要集中居住在广西的全州和灌阳2个县；讲交公绵土语的瑶族则分布在恭城瑶族自治县。

另外，讲藻敏方言的瑶族主要分布在广东省的连南、连山一带。

❷ 苗语支——布努瑶支系

这部分瑶族自称为"布努""努努""布诺""瑙格劳""努茂""杯冬诺""炯奈""唔奈""巴哼""尤诺"，其语言属汉藏语系苗瑶语族苗语支，这一支瑶族语言分为布瑙方言、巴哼方言、唔奈方言、尤诺方言、炯奈方言和包诺方言。其中，讲布瑙方言的瑶族支系人口最多，主要分布在广西的都安、大化和巴马瑶族自治县以及河池、宜州、东兰、凤山、天峨、忻城、上林、马山、宾阳、百色、平果和德保等22个县；云南的富宁等县也有分布。讲巴哼方言、唔奈方言的瑶族主要分布在广西的三江、龙胜、资源、融安、融水5个县（自治县）；湖南的隆回、洞口、溆浦、城步、通道、怀化和辰溪7个县、市；贵州省的黎平、从江和三都3个县（自治县）。讲尤诺方言的瑶族主要分布在广西的龙胜和兴安2个县内。讲炯奈方言的瑶族主要分布在广西的金秀、平南和蒙山3个县内。另外，讲包诺方言的瑶族主要分布在广西的南丹、河池和贵州的荔波一带。

除以上语支外，还有自称"姆德蒙"的木柄瑶族语言，与贵州省罗甸、望谟2县的青苗语言相通，主要分布在广西的田林、乐业一带；讲苗语黔东方言的八洞瑶分布在湖南省的新宁县，青裤瑶和长衫瑶分布在贵州荔波县。

❸ 侗水语支——拉珈瑶支系

侗水语支，属汉藏语系壮侗语族。茶山瑶自称"拉珈"，讲的是侗水语支的拉珈语，主要分布在广西的金秀、平南和蒙山3个县内。

❹ 汉语方言支——平地瑶支系

讲汉语方言的瑶族有自称"炳多尤"的平地瑶、自称"尤家"的白领瑶、部分红瑶和宝庆瑶。其中白领瑶的语言属汉语平话方言，白领瑶主要分布在广西的灌阳县。红瑶主要分布在广西龙胜的各族自治县境内，称为平话红瑶。宝庆瑶讲宝庆话（湘语方言），分布在江永、恭城、钟山、富川等县（自治县）。平地瑶所讲语言属于汉语，主要分布在广西的富川、钟山和恭城等县；湖南省的江华、江永等县。

（二）按支系划分

瑶族按"支系——分支——小支"的规划进行划分，大致分为4大支系16个分支40个小支。

瑶族4大支系：盘瑶、布努瑶、茶山瑶、平地瑶。

4大支系包括16个分支40个小支，具体分支和小支如下。

❶ 盘瑶支系的分支和小支划分

这一支系包括5个分支21个小支（其中5个小支与分支同属），其分支和小支如下。

第1分支：盘瑶（尤绵土语集团）：盘瑶、过山瑶、盘古瑶、红头瑶、顶板瑶、大板瑶、土瑶、本地瑶、坳瑶、小板瑶。

第2分支：蓝靛瑶（荆门土语集团）：蓝靛瑶、山子瑶、花头瑶、平头瑶、沙瑶、坝子瑶、贺瑶、民瑶。

第3分支：排瑶（藻敏方言集团）。

第4分支：东山瑶（标敏土语集团）。

第5分支：交公瑶（交公绵土语集团）。

❷ 布努瑶支系的分支和小支划分

这一支系包括6个分支14个小支（其中6个小支与分支同属），其具体分支和小支如下。

第1分支：布努瑶（布瑙方言集团）：布努瑶、背篓瑶、山瑶、背陇瑶、白裤瑶、青瑶、黑裤瑶、长衫瑶、番瑶。

第2分支：八姓瑶（巴哼方言集团）。

第3分支：花衣瑶（唔奈方言集团）。

第4分支：花篮瑶（炯奈方言集团）。

第5分支：花瑶（尤诺方言集团）。

第6分支：木柄瑶（诺莫方言集团）。

❸ 茶山瑶支系的分支和小支

这一支系只有1个分支1个小支（分支小支同属）：茶山瑶。

❹ 平地瑶支系的分支和小支

这一支系包括4个分支4个小支（分支小支同属），其具体分支如下。

第1分支：平地瑶（炳多尤话集团）。

第2分支：平话红瑶（优念话集团）。

第3分支：山仔瑶（珊介话集团）。

第4分支：瑶家（优嘉话集团）。

二、瑶族的族称

（一）瑶族名称的由来

关于瑶族名称的由来，因史家记载不一，长期争论不休。但在这几年经过多次瑶学研究会议讨论认定，瑶族先民在南北朝以前就与南方少数民族统称为"蛮"，如"荆蛮""盘瓠蛮""长沙蛮""武陵蛮"和"五溪蛮"等。南北朝时，出现了"莫徭"的称号，这是瑶族族称中最早见于文献的称呼。据唐初姚思廉《梁书·张缵传》记载："零陵、衡阳等郡有莫徭蛮者，依山险为居，历政不宾服"。又据《隋书·地理志下》载："长沙郡又杂夷蜑，名曰莫徭。自云其先祖有功，尝免徭役，故以为名。"这说明，"莫徭"是免于徭役的意思，瑶族名称的得来与徭役有关。"莫徭"称号，自南北朝时期出现，至今已有1600多年的历史。

（二）族称的演变

瑶族，自唐宋成为单一民族实体以后，随着向南迁徙与各民族的接触与交往，称谓也在演变之中。

唐末宋初，居住在洞庭湖一带的瑶族开始向南迁徙，唐宋时期的文献多用徭役的"徭"来称呼瑶族。如称"莫徭""蛮徭""傜人"或"徭人"等。除使用"莫徭"名称外，还混用于"蛮""獠""山徭""山越""夷蜒"等名称。元代，瑶族大量南移进入两广地区。封建统治阶级推行民族压迫和民族歧视政策，把"徭"字改为带有犬字旁的"猺"，出现了"猺""蛮猺""猺人"等带侮辱性的称谓。在清代，仍袭用"猺"字，史称"猺""猺蛮""猺人""猺民""山峒猺"等，这些称谓一直沿用到国民党统治时期。约在20世纪20年代，广东中山大学一些学者提倡将"猺"之犬字旁改为人字旁的"傜"字，从此一些学者开始使用单人旁的"傜"来称呼瑶族。中国共产党成立以后，主张各民族一律平等，取消了带有侮辱性"猺"的称谓，改用"傜"字。中华人民共和国成立后，根据瑶族人民的意愿，又将"傜"字改为"瑶"字，统称为瑶族。

（三）自称与他称

瑶族称谓分自称与他称，其称谓在漫长的历史发展演变过程中数量之多，内容之丰富，在中国少数民族中实属罕见。

❶ 自称

瑶族有不同的自称，其形成与图腾崇拜和语言的差异密切相关。一般来说，语言和图腾崇拜相同或接近的自称相同或相似；语言和图腾崇拜不同的，自称多不同。据普查，全瑶族共有28种不同的自称，每一种自称都有一定的含义。比如，自称"勉"或"绵""曼""门""敏""努""诺""璃""奈""迎"等的都是"人"的含义，而"尤""标""藻"的称呼则是"瑶"的族称。其中自称"绵"的为盘瑶、盘古瑶、过山瑶等；称"董本尤"的为大板瑶；称"祝敦尤绵"的为小板瑶；称"土尤"的为土瑶；称"荆门"的为蓝靛瑶；称"布努""布诺"的为背篓瑶；称"炳多尤"的为平地瑶；称"拉珈"的为茶山瑶等。在自称中以"勉""门"为最多。

❷ 他称

"瑶"不是瑶族自称，而是其他民族对瑶族的称呼。从元代至国民党统治时期，由于种种原因，瑶族被冠以许多不同的他称。据不完全统计，瑶族他称达456种。每一种他称，都有一定的含义。其称谓的特点：一是与崇拜信仰有关，比如崇拜盘瓠、盘王的瑶族被称为"盘瑶"；二是与归附政府，接受教化有关，比如凡编入户籍需服徭役的瑶族被称为"安宁瑶""太平瑶""下山瑶""良瑶""杂瑶""汉瑶""真瑶"。凡没有编入户籍或不纳税役的瑶族，被称为"险瑶""生瑶""蛮瑶""山瑶""野瑶"等，反映其政治地位低下的他称有"山狗""狗猺"等，多达50多种；三是与生产耕作有关，比如居住在山上，刀耕火种迁徙频繁的瑶族，被称为"过山瑶""山子瑶""背篓瑶""高山瑶""开山瑶"等，其中被"芹菜瑶""竹山瑶"等瑶族名称反映的是与经济效益有关的农作物生产；四是与居住地有关，瑶族因在历史上居住地条件不同，也出现过不同的他称，比如因居住地势、方位而得名的有"高山瑶""深山瑶""七百弄瑶""八排瑶""东山瑶""西山瑶""平地瑶"等，以居住地地名而得名的还有"茶山瑶""道州瑶""乳源瑶"等；五是与服饰有关，据查，不少他称是因穿着的服饰而得名，其中以服饰颜色式样而得名的有"红瑶""白裤瑶""青裤瑶""黑衣瑶""长衫瑶"等，以头部装饰而得名的有"板瑶""尖头瑶""花头瑶""红头瑶"等，以蓄发或不蓄发得名的有"长发瑶""光头瑶"等；反映胸饰得名的有"钱币瑶""钱瑶"和"花肚瑶"。他称还与瑶族姓氏有关，如"十二姓瑶""盘家瑶"和"赵家瑶"等。

瑶族各支系自称、他称、语言，甚至风俗习惯或许不同，但在民族的形成和发展过程中，瑶族人民有着共同的传承、共同的文化，因此形成了一个统一的不可分割的民族共同体——瑶族。

三、瑶族的起源

瑶族是历史悠久的民族。关于瑶族的起源，多数学者认为，最早可追溯到蚩尤时期。蚩尤是中国远古的传说英雄人物之一，他与传说中的炎帝、黄帝是同时代人，距今五六千年。当时，蚩尤活动的地域主要在黄河下游和长江中下游之间的济水、淮水流域之间。后来，蚩尤先后与炎帝、黄帝两大部落发生矛盾和战争，蚩尤部落战败后，小部分臣服于炎、黄二帝，大部分人向南流亡，形成三苗，活动于江汉、江淮流域和长江中下游、洞庭彭蠡之间的广阔地域。三苗部落联盟曾先后多次与尧、舜、禹为代表的部落集团进行激战，最后禹彻底击败三苗。除小部分三苗臣服外，大部分三苗部落联盟成员在洞庭、彭蠡一带形成荆蛮集团。先秦时期，楚人在荆蛮地域内崛起，建立楚国，部分荆蛮融为楚民，另一部分荆蛮则被迫向南、向西迁徙，形成长沙蛮、武陵蛮和桂阳蛮。其中，长沙蛮、武陵蛮和今天的瑶族关系较密切，他们主要活动在今湘江、资江、沅江流域和洞庭湖沿岸一带。魏晋南北朝时期，长沙武陵蛮中的部分人被称为"莫徭蛮"。隋唐沿袭旧称。唐末宋初，"徭"之称谓见之史籍。

因此，瑶族主要来源于古代的九黎和三苗，是从九黎部落集团和其后三苗部落集团的一个分支发展而来的。除此之外，瑶族在与各民族频繁交往的发展过程中，还有两个方面的来源，称为次要来源：一是部分汉人与瑶族接触后，同化成了瑶人，成为瑶族的一个来源；二是部分壮侗语族的族群同化而成瑶族，如金秀的茶山瑶、湖南省江永县的部分民瑶等属此类，均属于瑶族的共同体。

综上所述，瑶族来源比较复杂，是一个由不同支系的几部分人构成的共同体。从总体上看，瑶族由盘瑶、布努瑶、茶山瑶和平地瑶4大支系组成。其中盘瑶、布努瑶和平地瑶是瑶族的主源，三者有着共同的起源关系。但其先民在南迁和西迁过程中，因迁徙路线不同，产生了语言上的差异。

第四节　瑶族的节日

瑶族民间传统节日的产生和生产劳动的关系极为密切，一些传统节日的最初形成，往往直接来源于生产劳动中的祭祀活动或生产活动。在远古时代，瑶族先民对自己本身和自然界的一切都感到十分神秘。他们对生产劳动能否顺利进行，劳动后是否有所收获，都感到不可知之。他们将自然界的一切看做是有生命的灵魂。所以，每次生产劳动之前，他们都进行一定的祭祀活动，祈祷神灵保佑生产劳动能顺利进行，在远古时代，由于生产力的极端低下，人们必须以氏族为单位进行生产劳动、狩猎或采集，农业生产取得丰收后，都要举行祭祀活动，酬谢神灵的恩赐。这些集体生产劳动及祭祀活动，有的在长期的历史发展过程中逐步演变为节日。因此，瑶族节日的来源比较复杂，有的来源于古代宗教祭祀活动，有的来源于对历史人物的纪念活动，有的与人们的生产生活密切相关，甚至与民俗活动密切相关。按瑶族节日文化的内容和形式，大致可分为宗教祭祀类节日、农业生产类节日、纪念类节日、民俗娱乐类节日等。

一、宗教祭祀类节日

瑶族宗教祭祀类节日的产生和宗教信仰有密切的联系。在原始社会时期，原始宗教是氏族和部落全民性的活动，定期举行集体性的祭祀活动是瑶族先民社会生活中十分普遍的现象。随着社会的文明与发展，原始宗教信仰中的全民性祭祀活动大部分已经消失，但原始宗教中的某些仪式和与之相关的活动仍继续传承下来，成为传统节日的一个重要组成部分。

（一）动植物崇拜类节日

1 招鸟节（农历二月初一）

平地瑶的招鸟节和鸟崇拜有密切关系。据广西富川瑶族传说，很久很久以前，瑶族遭受特大虫灾，人们求神祭天仍无济于事。正当人们开始绝望时，天空中飞来无数的小鸟，铺天盖地般地扑向害虫，将害虫吃尽，使庄稼获得好收成。为报答"神鸟"，当地瑶族将每年农历二月初一定为招鸟节。届时家家户户杀鸡、杀鸭、做糍粑，将汤圆做得如拳头大，内包各种佳肴，煮熟后装在特制的大簸箕里，放在门前的桌上，供祭鸟儿，让其饱吃一餐，俗称"招鸟"。然后，男女老少拿香、烛、纸钱、糍粑及一双特制的小花布鞋，到庙中供祭，求鸟儿无恙，无虫无灾，风调雨顺，五谷丰登。节日期间，严禁任何伤害鸟儿的行为。

2 忌鸟节（农历二月初一）

湖南江华地区的瑶族民间流传着一个神奇而有趣的故事。传说很久以前，瑶族地区害鸟很多，作物成熟的时候，成群的山鸟就飞来糟蹋，人们辛辛苦苦种下的农作物全部被吃光，年年有种无收，人们只好四处逃荒。这一消息传到京城，惊动了皇帝，皇上特颁下圣旨：谁能将害鸟赶走，瑶山就属谁，可永不交租纳税。有个叫细妹的瑶族姑娘，生来长着一副好嗓子，人又聪明，只要她一开口歌唱，山鸟也会听她指挥。就在皇上降旨时，她带领青年们在农历二月初一这一天放声歌唱，将鸟儿引离了瑶山。那些山鸟被她动听的歌声迷住了，如痴如醉，半月不醒，鸟害避免了，从而保证了作物能正常生长。可是有个贪婪的山主，早就想霸占瑶山，便谎报皇上，说山鸟是他赶走的，皇上将信将疑。于是，第二年开春时，派使臣请山主赶鸟,山主来到了山鸟聚集的地里,左呼右唤,鸟儿根本不听他的,赶也赶不完,急得山主团团转。眼看山鸟把播下的种子全部吃了,在一旁看热闹的细妹,开了金口,动听的歌声顿时把山鸟全镇住了,山鸟都乖乖地听她调动。细妹的举动也惊住了皇上派来的使臣,于是他回京禀报了皇上,皇上高兴地把瑶山赐给了细妹。从此,瑶族就定二月初一为忌鸟节,每到这天,人们就用糯米做成粑粑粘在竹子上,制成"鸟仔粑",也称"昀鸟仔",插在田地中,说这样便能粘住鸟嘴,不让山鸟危害农作物。

③ 尝新节(农历六月初六)

瑶族的尝新节和狗崇拜有关。据说很久很久以前,瑶族是不种五谷的。后来人们叫狗到番国去寻找,狗泅海七天七夜后到达彼岸,趁番人不备,在谷堆中打个滚,一身都沾满谷粒,匆匆过海回家。到家时,身上的谷粒已被水冲走,只剩下尾巴上的谷粒仍沾在上面。瑶族便将其种在地上,成了像狗尾巴一样的稻穗。或说古时瑶族先民在迁徙过程中渡海时,遇狂风大浪,将船打翻,人们挣扎搏斗游到岸边,但粮食全淹没于海中。正当人们为生计发愁时,有人发现狗尾巴上还沾有几粒谷种,未被海水冲走。于是人们将这几粒谷种种在地里,精心护理,秋后获得了好收成,渡过了难关。所以,每年玉米、早稻刚成熟时,人们便摘一些刚成熟的玉米、稻谷等,煮成饭食,先喂给狗食,再祭祖宗,然后全家才进食,俗称"尝新节"或"吃新节"。显然,这是古代瑶族狗崇拜的残余。瑶族过尝新节的日期,依各地季节早晚而定,最早的在农历五月,最晚的在农历十月。湖南省城步大阳乡瑶族,每年农历六月初六过尝新节。六月初六清晨,由家主到地头摘几穗勾头黄边的旱谷谷穗,拿回来放饭上蒸熟后,取出放于一只干净的碗中祭神,然后才可吃尝新饭。全家动口尝新前,先装些饭,夹些猪肉、豆腐之类的菜肴,让家中的狗饱吃一餐,然后家中长者先吃第一口,家中其他人才依年龄大小之顺序而动口吃饭。在广西大瑶山境内,金秀镇一带的茶山瑶每逢农历八月巳日,家家摘新谷约250g,捣成米和旧米同煮成饭,分祭社肉做菜,待社老、甲头相聚尝新米饭后,各户方能品尝。六巷一带的花篮瑶,农历九月择吉日尝新,以新、旧米煮饭,先喂猪、狗,意为让猪、狗把人们的疾病带走,然后家人共尝,俗称"吃新米"。罗运一带坳瑶,亦于农历九月择吉日,摘两穗新谷煮水,再用此水煮旧米饭,不祭神,先喂猪、狗,然后家人共尝,俗称"吃新禾饭"。长二一带,每家选一个身强力壮的男子到田中剪8穗稻谷，每4穗扎为1把，用稻秆作扁担将谷穗挑回来。到家门口时，将稻秆扁担折断，意为今年必然五谷丰登。然后将新谷捣碎，洗出米浆水滤清，与旧米煮饭共尝。广西恭城、钟山等地，每年稻谷成熟时择吉日尝新，饭前先向祖先、天地祝祭，再给狗、牛、猫"尝新"，最后家人才尝新。习俗认为，狗给人带来谷种，牛为人耕地，猫为人守粮仓，均有功于人，故应给予尝新的礼遇。

④ 禾魂节（农历四月初九）

山子瑶的禾魂节来源于瑶族先民对稻谷的崇拜。在远古时代，瑶族先民由于不能正确认识自然界，认为自然界万物有灵，认为稻谷和人一样，也有灵魂，必须讨好他、崇拜他，才能获得丰收。所以，每年的农历四月初九，广西大瑶山一带的山子瑶便早早起床，打扫庭院、熬酒、做糯米糍粑，迎接"禾魂"回家过节。早饭后，各家家长便根据家庭成员的年龄和身体健康状况，把各人分派到田峒、旱禾地及田边的小溪去请禾魂。请"禾魂"的人要衣冠整洁，带上小谷篓。路上，同行者要互相祝贺，希望彼此都能请到"禾魂"回家，争取今年取得好收成。到目的地后，人们沿着田埂和山边仔细搜索鼠洞、石缝，寻找被老鼠拖去收藏起来的稻谷。一旦找到，就高兴地祈求说："禾魂，禾魂，快跟我回家！"一边祈求，一边将稻谷捡起装进小谷篓。到小溪请"禾魂"的人，还要带捞绞去，用捞绞在水中捞来捞去，一边捞一边说："不幸被水冲走的禾魂，我来捞你了，快跟我回家吧！"打捞过程中，不管是捞到虾子或小鱼，都将其视为"禾魂"带回家。回到村边，各家的家长将拾回的稻谷集中到用红纸包着的新小谷篓里，然后在一枝繁叶茂的金竹枝上挂上5串最大最长的谷穗，意为当年的稻谷长得跟金竹枝一样高，五谷丰登。接着，家长右手拿金竹，左手提谷篓，朝家走去。进堂屋后将金竹插在神龛上，将谷篓放在金竹旁，供糯米糍粑、米酒、腊肉祭"禾魂"，家人向"禾魂"三鞠躬。随后，家人一边吃饭，一边听老人传授生产经验及如何捕捉损害庄稼的野兽，告诫晚辈爱惜粮食。

⑤ 护青保苗节（农历六月初六）

红瑶和东山瑶的护青保苗节也源于对稻谷的自然崇拜。最初人们认为到种有稻谷的田边去直接祭祀生长着的禾苗，会感动"谷神"，获得好收成，后来相沿成俗，逐渐演变为节日。每年农历六月初六，广西全州、龙胜等地的东山瑶和红瑶，家家户户带酒、豆腐、香、烛、纸钱、生猪肉、活鸭（或活公鸡）到田边祭五谷大仙。在去的路上，无论遇上谁，就是迎面而来也不能互相对话，否则，会给禾苗招来虫灾。必须待祭了五谷大仙后才能与他人打招呼。到插有禾苗的田边时，将酒、豆腐、猪肉等供祭于田头。杀鸭子时，要先将血滴入酒杯和纸钱上，再将余血滴入田脊中。将部分沾有鸭血的纸钱挂于竹上、树枝上，插于田头田尾，将余下的纸钱焚烧祭五谷大仙，求其消灾除虫，保佑禾苗顺利生长，五谷丰登。然后将猪肉、鸭子等煮熟，于田头聚餐。

（二）祖先崇拜类节日

1 达努节（农历五月二十九日）

布努瑶的达努节又称"祝著节""祖娘节""完九节""属足节""瑶年"等，是广西都安、大化、巴马、东兰、凤山、马山、平果、隆安等地布努瑶一年一度最隆重的传统节日。瑶族的"达努"就是汉语中老慈母之意，因此，达努节实际是为慈母祝寿的节日，现在引申为祭拜始祖密洛陀的节日。个别地区三五年过一次，时间为三天，以农历五月二十九日为正日。据布努瑶民间传说，在天地洪荒的远古时代，千山万壑之中有两座神山相峙对望。一山亭亭玉立如女子，一山威武挺拔如男子。两山每年互相靠近0.33m，经过995年，于农历五月二十九日时，两山相接。顿时忽地一声霹雳，两座大山震开裂缝，从中走出一女一男，女的是布努瑶始祖母密洛陀，男的是布努瑶始祖父布洛西。后来密洛陀造天地万物，并生育了三个儿子。一天，密洛陀对三个儿子说："你们都长大成人，该自己去谋生了。"次日清晨，老大拿秤出门去做生意，其后人成为汉族；老二拿犁耙去田坝犁田种稻谷，其后人成为壮族；老三拿砍刀到高山种地，其后人成为瑶族。老三进山垦荒耕种，但禽兽太多，出没无常，践踏庄稼。密洛陀送给老三一面铜鼓，每当禽兽来危害庄稼时，老三便敲铜鼓赶走禽兽，保护庄稼，获得好收成。后来密洛陀老了，老三便于每年农历五月二十九日这天率子孙回家给密洛陀祝寿。此后相沿成俗。每年达努节，家家户户杀鸡宰羊，酿制美酒，亲朋好友欢聚一堂。宴饮时，先由长者诵念《密洛陀》长歌，缅怀密洛陀的恩情，然后大家围长桌畅饮，唱祝酒歌，纪念密洛陀。过去有一年小祭小宴、两年中祭中宴、三年大祭大宴的规矩。小祭小宴要杀1只鸡、1只羊、1头猪；中祭中宴杀8头肉猪、1头母猪；大祭大宴杀黄牛、水牛、马、母猪各1头及8头肉猪。节日期间，还举行打铜鼓、跳铜鼓舞、打陀螺、射弩、赛马、斗鸟等民族体育活动。

❷ 盘王节（农历十月十六日）

盘瑶的盘王节来源于祖先崇拜。瑶族盘王节，又称"做盘王""跳盘王""游盘王""还盘王愿""祭盘瑶文化变迁""祖公愿""祭盘古""打盘古斋"，是瑶族人民纪念祖先盘瓠的盛大传统节日。过去，各地瑶族过盘王节的时间不一致，一般在秋收后至春节前的农闲时间举行，具体日期分定期和不定期两种。定期的一般都固定在农历十月十六日，一年一次。不定期的为三年、五年或十年、十二年举行一次，具体时间由师公择吉月吉日举行。间隔的时间越长，节日就越隆重。可单家独户过，也可联宗共祖同族共同举行。单家独户者，节期多为一天两夜；联宗共祖同族过节，一般多为两天三夜，最长的达七天七夜。1984年，来自广西、广东、湖南、云南、贵州、北京、武汉等省市（自治区）的瑶族干部、学者代表在南宁举行会议，商定将盘王节定为瑶族的统一节日，时间为每年的农历十月十六日，并得到国内瑶族人民的认同，至此，各地盘王节的时间趋于一致。瑶族信仰盘瓠或盘王或盘古王，将其视为始祖，盘王节起源于对始祖的崇拜。关于盘王节的来源，民间传说不尽相同。一是源于祭祀始祖"盘瓠"或"蓝公"。据盘瑶民间传说，古时评王与高王久战不胜，评王许愿：谁能杀高王，即赐予三公主成婚。评王身旁龙犬盘瓠渡海杀高王，被评王招为驸马，并被封为南京会稽山十宝殿王，自称盘王。婚后，盘王与三公主生下六男六女，自相婚配，传下十二姓瑶人。后来盘王不幸被羚羊撞下山崖身亡。其儿女捕获羚羊，以其皮做鼓面，击鼓祭盘王。广西大化等地布努瑶传说，其始祖蓝公助评王打败高王，当了评王驸马，传下蓝、蒙、罗、韦、潘等姓瑶族。后来蓝公被羚羊所害，他的儿女为报父仇，经历十二年追逐才将羚羊捕杀，故每隔十二年要举行一次祭蓝公始祖的活动。二是源于纪念盘古王。瑶族尊崇盘瓠，也尊崇盘古王。传说盘古王造天地万物，生下一男一女。某年洪水泛滥，天下受淹，人烟灭绝。盘古王遗孤兄妹二人藏身于葫芦内得以幸存。因天意作合，兄妹成婚，生下一肉球。哥哥以为不吉，将肉球剁成360块，抛入河中。妹妹急制止，将剩下的5块投掷于山冈上。次日早上，山冈上出现盘、李、邓、赵、蒋五姓瑶族。

兄妹俩告知他们，盘古王是其始祖，此后瑶族便以祭盘古王来纪念其始祖。三是源于"还盘王愿"。传说古时天下大旱，颗粒无收，瑶族被迫离乡背井去逃荒。途中，12姓瑶族分乘12条船渡海，遭狂风恶浪袭击，有6条船被打翻。危急之中，瑶族烧香求始祖盘王保佑，并许下日后还愿的诺言。祈毕风平浪静，瑶族脱险到达彼岸。后来，瑶族遵守诺言，举行盛大的"还盘王愿"活动，代代相传。盘王节历史悠久，据晋代干宝《搜神记》记载，瑶族先民每岁"用糁杂鱼肉，扣槽而号，以祭盘瓠。"唐代，盘王节三年一庆，五年一乐。节间，挂盘王神像，供牲畜祭品，男女击鼓唱笙歌。清代之后，盘王节的娱人成分逐渐增强。而今之盘王节，冗杂烦琐的宗教祭仪已逐步改革，大操大办的破费之风也有所节制，歌舞内容得到继承、发展、提高，逐步成为瑶族人民欢庆娱乐的传统民族节日。节日期间，人们唱盘王歌，跳长鼓舞，男女青年还要耍歌堂，通宵达旦地对唱山歌，物色对象，情投意合者，互赠信物，以定终身。老年人亦利用节日交流生产经验，互相预祝来年丰收。

二、农业生产类节日

❶ 修路节（农历三月和农历七八月）

瑶族世代居住在山区，坡陡壑深、林密草高、山路崎岖，交通不便。每年入春雨水增多，草木滋长，加上雨水的冲击，路面坑坑洼洼，草木遮拦。为了生产和生活的方便，广西大瑶山一带的瑶族于每年春秋二季，各村寨的群众都自动组织起来，修桥补路，后来便成为民间传统修路节。修路节一般每年两次，每次10～18天，于春耕前的农历三月和秋收前的农历七八月间举行。节日期间，凡年满18岁到48岁的青壮年，不分男女，都主动地自带工具、自备伙食到指定路段锄草铺路，维修桥梁，有力出力，有料出料，漫山遍野都是劳动的人群。人们边劳动边唱歌，笑语喧天，热闹非常。男女青年还通过集体劳动互相了解，加深情谊。

❷ 三月节（农历三月初三）

居住在广西、云南边界的蓝靛瑶，过去曾以渔猎为重要经济生活，每年的冬末春初，人们都以村寨为单位，上山狩猎，下河捕鱼，将捕获的野兽和鱼虾平均分配或聚餐。后来，人们就把每年农历三月初三这天定为三月节。每年的三月初三，人们以村寨为单位进行渔猎活动，有的扛猎枪、带猎狗，进深山老林，察看野兽的足迹，寻找猎物；有的下到河里，装鱼笼、撒渔网、筑坝戽水捕鱼。猎获的野味，除当天食用外，留下一部分，挂在火塘上烤干，作为日常招待客人的佳肴，故三月节又称"干巴节"。当夜幕降临时，人们便开始互相串门祝贺，共度佳节。青年人则聚集于火塘边唱歌，以歌交友觅情人。

❸ 牛生节（农历四月初八）

瑶族的牛生节也和农业生产有关。在瑶族地区，牛是重要的畜力，犁地耙田都用牛力，过去一些地区的瑶族还用牛力拉车运输，牛在生产劳动中所起的重要作用，使人产生爱牛、惜牛的心情，从而形成敬牛习尚，并形成牛生节。据瑶族民间传说，每年农历四月初八是牛的生日，所以，人们将这天作为牛生节。牛生节这天，禁用牛一天，不能对牛高声吆喝，更不能用鞭、棍打牛。广西田林潞城一带瑶族，牛生节这天，各家各户要杀鸡、杀鸭、捡田螺、捉泥鳅来祭祀牛栏。将牛鼻圈脱下，连同3块石头、3个桃子、1个小稻草人（象征牧童）装进竹篓挂在牛栏上，俗称"保牛魂"。广西富川一带，人们用酒和鸡蛋拌饲料喂牛，将牛赶到水草最好的地方去放牧，众人则坐在草地上品尝从家里带来的食品。傍晚，将牛洗刷得干干净净，才赶牛回家。牛回栏后，人们焚香放鞭炮，祭祀牛神，祝福牛无灾无难。广西桂平一带的瑶族，家家户户用新鲜芒叶包五色糯米饭，拿到牛栏前供祭，烧香拜祭牛神，祈求耕牛无灾无难，六畜兴旺，五谷丰登。然后将糯米饭喂牛。

❹ 插秧节（农历四月）

茶山瑶的插秧节的产生也和生产劳动有关。居住在广西大瑶山境内的茶山瑶，每年农历四月春插到来时，族内各村的男女青年都穿起节日的盛装，从四面八方赶来，集中于金秀河下游的美村，从那里开始春插，沿河而上，从下游到上游，依次插完沿河十村的水田，然后再集中抢插北部山区各村的水田，直到把全族系的水田全部插完为止。后来相沿成习，形成一年一度的插秧节。整个春插期间，男女青年在白天的集体劳动中你追我赶，晚上对歌作乐，促进了生产的协作、竞赛和文化及思想感情的交流。

三、纪念类节日

瑶族民间传统节日和民族历史有密切的联系。瑶族历史上曾涌现过许多的民族英雄和伟人，他们为了维护民族的利益和生存赴汤蹈火、力挽狂澜，有的甚至献出宝贵的生命；瑶族历史上曾发生过一些重大的事件，它对瑶族的形成和瑶族社会的发展有着举足轻重的影响。这些民族英雄人物虽然早已作古，但瑶族人民却无时不在怀念他们，到处传颂他们的英雄事迹；这些事情虽然过去了，但人们却常常议论评述，追忆那一件件感人肺腑的历史事件。为了纪念这些人和事，瑶族人民自觉或不自觉地进行一些群众性的纪念活动，久而久之，这些纪念活动便演变为民族纪念节日。

赶苗节（农历五月十五日）：湖南省隆回县虎形山瑶族乡的瑶族赶苗节就和当地瑶族人民的反封建压迫斗争有密切联系。相传明代崇祯年间（1628—1644），封建统治阶级大肆屠杀少数民族，湖南溆浦县瑶族首领刘南山、卜连山和隆回县首领奉逐明等组织联合义军，聚集在两县交界的虎形山和老营坡一带安营扎寨。明崇祯十七年（1644）五月十五日，官军集结兵力，采用调虎离山计，乘夜伪装，以送军饷为由，在120只山羊头上挂着灯笼，敲锣打鼓，朝义军寨前走去。义军不知有诈，纷纷出寨迎接。官军乘虚从寨后破门而入，对义军进行突然袭击。双方在虎形山水洞坪村一带激战三天三夜。义军因寡不敌众，全军覆没，尸横遍野，血流成河。为纪念死难英雄，每年农历五月十五日至十七日，当地瑶族都从四面八方汇集一堂，祭祀英灵，后来演变为民族传统节日。

四、民俗娱乐类节日

瑶族民间传统节日和瑶族人民的日常生活及文娱活动也有密切联系。瑶族主要分布在中国南方的广西、广东、湖南、云南、贵州等地的山林地带，是个住山、种山、吃山的山地民族。历史上，瑶族聚居区就远离城镇，远离封建统治的政治、经济、文化中心，社会经济落后，交通闭塞，文化生活贫乏。瑶族人民为生计所累，日出而作，日落而息，娱乐生活匮乏。为了满足精神需求，调节生活，使枯燥漫长的岁月增添诱人的生活情趣，消除长时间的紧张和疲劳，瑶族人民在生活中创造了许多娱乐活动和民俗活动。久而久之，这些活动便逐渐成为民间传统节日。

❶ 铜鼓节（农历正月初三）

广西田林木柄瑶有击铜鼓娱人的习俗，并由此而形成一年一度的铜鼓节。每年农历正月初三，全寨男女老少身着节日盛装，拿酒、猪肉、鼠肉、鸟肉、糯米饭，抬牛皮木鼓，来到埋藏铜鼓的地点。烧香祭神，请寨老或头人念经喃神，求神明保佑。然后将铜鼓挖出洗净，抬回社庙前，杀一头牛奠祭后，便吹响长号，击铜鼓而舞。从正月初三至正月三十，村寨中鼓声不断，人们尽情地唱、跳，庆贺丰收，预祝来年生产顺利，五谷丰登。每年农历正月三十日，人们又用同样的仪式将铜鼓送到山上隐蔽处，挖坑掩埋。

❷ 女儿节（农历四月初八）

湖南江永地区的女儿节，则由瑶族女青年的野外集体会餐演变而来。每年农历四月初八，江永的瑶族青年姑娘都要集体过女儿节。又因其只准未出嫁的成年姑娘参加，故名女儿节，又称"阿妹节"，届时各村寨的瑶族姑娘相邀集结于山林或溪边，每人自带几种熟食，但其中有几样必不可少：一是花蛋，将鸡蛋或鸭蛋、鹅蛋、野鸡蛋、鸟蛋煮熟，并在蛋壳上描绘图案纹样；二是花糍粑，用小刀在糯米糍粑上雕刻荷包的花样，但每个糍粑的花样不能重复；三是花糖，将蜂蜜熬干拌熟米粉压成块，再用黑、白芝麻在上面镶成各种头巾图案。此外，还要带些花生、板栗、熟肉及各种土特产食品。到集会地后，姑娘们先将花蛋、花糍粑、花糖摆出，供众人欣赏、评论，然后众人嬉说笑闹，追逐游戏。渴了喝几口溪水，饿了吃"百家"食品，整日沉浸在节日的欢乐中。

❸ 晒衣节（农历六月初六）

岭南一带的春夏之季多梅雨，空气潮湿，特别是居住在高山密林中的瑶族，空气湿度大，持续时间长，受其影响，家中的衣物容易受潮，产生霉菌。每年农历六月天气开始晴朗干燥后，人们便翻衣物出来晾晒，并逐渐成为一年一度的晒衣节。每年农历六月初六，广西桂平、龙胜一带的瑶族便早早起床，家家杀鸡杀鸭，举家宴饮。烈日当空时，人们便把衣服、被子、鞋、首饰及箱笼等物拿到屋外的晒谷坪上，让烈日照晒，以杀菌消毒。

总之，瑶族民间节日活动频繁、丰富，每个瑶族支系的节日各不相同，除了春节、清明等与汉族相同的民间大节日外，每月都有自己的节日（表1-1）。

表1-1 广西壮族自治区金秀瑶族自治县瑶族节日

日期（农历）	节日名称	民俗内容	族系
正月	开年节	杀猪、休息	盘瑶
二月	忌鸟节	吃干饭、不下地做工	盘瑶
	社节	祭社王、祈祷社神保护禾苗	花篮瑶
	保苗节	杀鸡做糯米粑、祭祖祈祷保苗	花篮瑶
三月	祭落秧	上山采犬眼竹竹笋、做三只米粑祭灶神	坳瑶
四月	祭祖节	制作黑色糯米饭	花篮瑶
	禾魂节	祭祖、赎禾魂祈祷	山子瑶
五月	祭祖节	沐草药浴、喝雄黄酒	山子瑶
	分龙节	忌挑粪和畚箕过门口	茶山瑶
	辰日	祭祖、不下田干活	坳瑶
六月	保苗节	祭五谷神、祈祷禾苗苗壮成长	山子瑶
	求苗节	祭祖先和社神	坳瑶
	游神节	祈祷神农氏、刘大娘	茶山瑶
七月	祭祖节	祭祖先、忌下田劳动	共同
八月	社节	祭社王、祈祷禾谷丰收	共同
	求禾花节	集体祈祷社神	坳瑶
九月	吃粑节	早晚以糯米粑为食	花篮瑶
	尝新节	煮新米、先喂狗吃	盘瑶
十月	盘王节	还盘王愿、祈祷盘王	共同
十一月	冬至节	祭祖先	山子瑶
十二月	灶王节	做黄糖饭、祭祖先、灶王	花篮瑶

第五节　瑶族的娱乐

瑶族长期生活在高山密林之中，他们在生产劳动中，在漫长的征服险恶自然环境和同野兽的斗争中，逐渐形成了具有山地民族特色的各种体育活动。经过长期的发展演变，这些活动既具有体育锻炼和提高生计能力的性质，又有娱乐的功能。其中多数保持了古老的形式，而且具有独特的风格。体育和娱乐的名目繁多，较有特色的有抛花包、打马鹿、赛马、打陀螺等。

一、抛花包

抛花包盛行于蓝靛瑶地区，已有悠久的历史。这是瑶族未婚男女青年喜爱的一种体育娱乐活动。不会抛花包的青年，会受到人们的耻笑。相传这种活动的由来与《隆斯与三公主》这个民间故事有关。古时候，有一个出身贫寒但勤劳勇敢的狩猎能手叫隆斯（龙师），他与瑶王的女儿三公主（三娘）真心相爱，凭借他们的智慧冲破了重重阻力，获得了婚姻的自由。他们结婚后，相亲相爱，过着幸福的生活。但隆斯想整天与三公主不分离，三公主就把自己的容貌绣在布上，把布钉在木板上，插在田的两端，以便隆斯在田里劳作时，就可看见她的容颜。一天，突然狂风大作，把绣帕吹到了土司家。土司见了绣帕上的三公主，垂涎她的美貌，欲霸占公主。三公主不允，土司就限他们在五天之内织出五彩凤凰衣，否则就要强抢公主。隆斯在绝望之际，盘王派仙翁和仙女送来了一件五彩凤凰衣。土司穿上此彩衣，竟然真的飞上了天空，然而不久就跌落下来，摔死了。隆斯和三公主又过上了幸福生活。瑶族人民钦佩他们追求自由与爱情的勇气，就用五种颜色的面料缝制花包，以抛花包的形式纪念他们。

花包一般用五色面料缝成，为正方形，边长约5cm，四角都缀有五色布缝合成的彩带，包内装有玉米粒。四个大小轻重一致的花包组成一组。花包由姑娘缝制，小姑娘到了十岁左右就开始学缝花包。缝制花包需要一定的技术，否则四个花包就会大小轻重不一，抛出时难以保持平衡。抛花包时，一男一女相距数米，面对面站立，各持两个花包，相互对抛，右手抛左手接，循环往复，比赛时以花包不落地的时间长者为胜。由于抛花包需要熟练的技术，他们在农闲时经常操练。每到节庆时，他们就邀约外村青年抛花包和对歌，一般是白天抛花包，晚上对歌。抛花包以春节期间举行得最多，地点一般在村外地势较平的地方。有时村寨之间还举行集体比赛，多在正月举行。

二、射击

① 射弩

射弩是瑶族民间娱乐活动之一，瑶弩也叫偏架弩，早在宋朝史籍中就有对它的记载。最初它是瑶族先民的狩猎工具，后来逐渐变成了人们的娱乐器具。尤其是广西巴马、南丹瑶族每逢节日或喜事，必举行射弩比赛。关于瑶族射弩在巴马瑶族地区流传着一个故事，相传远古时期，在深山老林的岩洞中，住着一对瑶族夫妇，丈夫叫蓝三，是射弩能手，妻子叫五妹。他们有一个儿子叫丁三，他经常在外打猎。蓝三年老多病，忽一日，一只老虎窜到洞口，张牙舞爪，眼看要进洞吃人了，在这危急关头，蓝三急中生智，取下挂在岩上的弩，可是因病重体弱，几次拉弓都无法拉满，五妹急忙上前，将弓拉满弦，搭上箭条，"嗦"地一声，利箭向老虎射去，正中老虎咽喉，老虎咆哮一阵死了。蓝三也因用力过度，病情加重而离世。第二天，儿子丁三回来大吃一惊，不知洞边躺着一只中箭的大虎是怎么回事，母亲便把缘由告诉了儿子。丁三一怒之下，将老虎劈成两半，他知道父亲的好箭法救了家人，于是丁三继承了射弩武艺，并将它流传代代。后来的瑶族青年都仿效丁三刻苦练技，一心要成为蓝三一样的神射手。现在瑶族的弩一般用木制作，弩槽用红青木凿成，弩张用密西木为料，弩绳由牛筋和麻线、棕榈丝编制，箭杆用老楠竹制成。瑶族青年们经常练习射弩，在十几米远处，放置柑果或铜钱，以射中目标中心为最佳。一到比赛之日，围观在赛场上的瑶族姑娘，专心欣赏小伙子们的箭法，谁射得最准，谁的命中率最高，谁就会得到姑娘们的倾慕，甚至赢得姑娘的爱情。

② 打马鹿

打马鹿是射击训练中的一种，曾是瑶族赖以生存的技能。瑶族多居于山区，在相当长的时期内，狩猎在经济生活中占有相当重要的地位，加之野兽频繁出没，侵犯人畜，并不时有匪患威胁人们的生命财产安全，因此他们特别注重射击技术的训练。古代主要以弩为狩猎工具和武器，早在宋代史籍中就有记述。清代以后逐渐改用明火枪

（或称铜炮枪）。他们过去在每年的寒冬腊月或正月农闲时，进行射击训练。训练时以村为单位集体进行，或晚上点灯于野外为靶，或用南瓜从山上滚下为靶。逐渐定居以后，他们的经济结构发生了显著变化，野兽也大为减少，社会环境大为改善，训练射击的活动也就随之大为减少，在有些村寨已没有此项活动。仍保留这项活动的，其中已增添了不少娱乐性。近几十年来，因马鹿是他们主要的狩猎对象之一，到训练时，他们常画一头马鹿像，把画像贴在一块木板上作为靶子。他们来到村外僻静处，对着靶子轮流射击。凡中靶者，每人提一块腊肉和一壶酒到寨老家聚餐，称为"喝马鹿汤"。

三、赛马

赛马也是瑶族喜爱的一项体育运动。由于多居于边远山区，交通极为不便，马匹是他们用于运输的主要交通工具，因此不少人家都养马。平时去田间劳动或赶集的路上，常相约驱马驰行，以比赛马的优劣和各人的骑技。

四、打陀螺

打陀螺是聚居在广西南丹、巴马县境内一些瑶族群众喜爱的一种群众性的文体活动，于新春正月进行。自年初一开始，人们便在房前屋后坪地中玩陀螺。瑶族青年打的陀螺，一般用栗木、油树、脱皮龙等树干精心砍削而成，顶部光滑，底部尖端镶有铁钉。儿童玩的陀螺为小型，重250g左右，成人玩的为大型，重达1.5kg，并用颜色染成红、黄、蓝、绿、青等色。玩时用树皮或藤条搓成绳索缠绕旋放，打陀螺除可娱乐之外，还可进行竞赛。比赛时，分成两队，各队人数相等。打法有近打和远打两种。近打距离2m左右，先由甲队中一个队员旋放陀螺，让乙队中的队员用陀螺打击，甲队队员依次旋放陀螺，乙队队员依次打击。远打则由两队商定距离，一般为5～10m，然后由甲队在一个画好的圆圈内把陀螺全部旋放，让乙队在规定的距离里逐个用陀螺打击对方陀螺，如打击一方没有人打中对方旋放的陀螺，则算败给旋放的一方，如击中其中一个或几个，则以击中和被击中的陀螺旋转时间长短分胜负，长的为胜，短的为负。一场结束后，轮到负方旋放，胜方打击，依此规则相互轮换。在两队赛陀螺过程中，人员可以随时增加，也可以随时减少，没有严格规定人数，但必须保持两队人数相等，一般每队都有5~10人，多则达30人。比赛场内，各色陀螺旋放时，五彩斑斓，耀眼夺目，十分壮观。瑶族打陀螺，短的2~3个小时，长的7~8个小时。这种活动既可以锻炼臂力，又可以锻炼耐力，一方面讲求集体配合，另一方面还可以锻炼个人击中目标的本领，精神娱乐和体育锻炼兼而有之。

第六节　瑶族的婚俗

瑶族村寨规模小，多则几十户，少则三五户。房屋多为竹木结构，也有土筑墙，上盖瓦片，一般分为三间，中为厅堂，两侧为灶房和火堂，后作卧室和客房；在两侧设两门，一门为平时进出，一门为便于姑娘和情人谈情说爱进出；正面开设大门，是婚丧祭祀时人们出入之门。

瑶族的恋爱比较自由。男女青年往往利用节日、集会和农闲串村走寨的机会，通过对唱山歌的形式，寻找对象，双方合意，即互相赠送信物。《瓯江杂志》中就记载着瑶族"婚姻多赛于祠，踏歌相招，听其自合"。

过山瑶、山子瑶由于迁徙频繁，分散居住在山区，他们的村寨一般较小，相距也较远。农忙期间，各自忙于劳作，很少来往。农忙过后，如有外村男女青年来作客，他们十分高兴。入夜必邀约对山歌，有时可通宵达旦歌唱，也有连唱两三个夜晚的。这是他们最欢快的娱乐，也是青年男女们互相接触、认识和了解的好机会。

金秀大瑶山茶山瑶有"爬楼"的恋爱方式，男女成年后，便可自由社交。恋爱时，小伙子们就爬上姑娘居住的门楼，与姑娘谈情说爱。一般是集体进行，数个男子一齐爬上几个女子约集的门楼，各坐一边，与姑娘们唱"香哩歌"和交谈，从中寻找知己，如果男女双方已确定了恋爱关系，听到心上人熟悉的声音，姑娘就会出来，在小伙子爬楼时，助一臂之力，使之顺利攀爬上楼，多次爬楼后，双方感情渐深，便互赠礼物。姑娘常把自己绣的腰带、编织的草鞋送给小伙子，男方则送给女方银手镯和彩色丝线，这样就算定情了。

第二章
瑶族服饰

据汉文史籍所述，早在《后汉书》中就有瑶族先人"好五色衣服"的记载，以后的史籍中也记载有瑶族人民"椎发跣足，衣斑斓布"的文字。从这些就可以看出瑶族人十分爱美。这种美，来自他们的劳动与生活，瑶族人具有朴实、丰富而又千姿百态的自然美。多数瑶族服饰中有披肩，它不仅起保护肌肤的作用，还是一种精巧的装饰，其色彩的丰富和制作的精细，并不亚于其头饰。瑶族头部装饰的种类繁多，大都长条彩带包头，层层叠叠地扎住头部，或扁或圆，或高或低，各自配上多色花巾、彩带或丝穗，风度翩翩。这些可以从各地瑶族的不同称呼上看出，如"花头瑶""大板瑶""尖头瑶"等。大体而言，瑶族男子服饰上衣有右衽大襟和对襟衣两种，上衣一般束腰带，裤子各地长短不一，有的长及脚面，有的却短至膝盖，大都以蓝黑色为主；头巾、腰带等处用花锦装饰。各地瑶族女子服饰的差异性很大，有的上穿无领短衣，以带系腰，下着长短不一的裙子；有的上着长可及膝的对襟衣，腰束长带，下穿长裤或短裤；衣领、衣袖、裤脚上绣有各种美丽的彩色图案。瑶族喜爱的色彩为红、黄、绿、白、蓝等。有些地区的瑶女喜戴精美的银饰。目前的瑶族服饰仍然五彩斑斓、绚丽多姿，保留着六七十种传统服饰。

第一节　盘瑶服饰

盘瑶居住地区广阔，分布在6省区107个县、市内，各地服饰不尽相同，但服饰色彩较一致，都是蓝靛染成的青黑色，上面饰以红色织锦或绒球，所包头巾，不管是圆盘状还是尖头状，多为红、黄等暖色调的织锦。其主要原因为传说该支系瑶族始祖盘瓠是一只五彩斑斓的龙犬，因此，该支系瑶族自称盘王的子孙，盘瑶因而得名。该支系瑶族男女着五彩纹服装，以示不忘祖先。

盘瑶支系共分为5个分支21个小支（其中5个小支与分支同属），其分支和小支如下。

第1分支：盘瑶（尤绵土语集团）——盘瑶、过山瑶、盘古瑶、红头瑶、顶板瑶、大板瑶、土瑶、本地瑶、坳瑶、小板瑶。

第2分支：蓝靛瑶（荆门土语集团）——蓝靛瑶、山子瑶、花头瑶、平头瑶、沙瑶、坝子瑶、贺瑶、民瑶。

第3分支：排瑶（藻敏方言集团）。

第4分支：东山瑶（标敏土语集团）。

第5分支：交公瑶（交公绵土语集团）。

一、盘瑶各支系服饰

（一）男子服饰

1 盘瑶

盘瑶的男子服饰形制为黑布对襟或交领上衣，黑色长裤。广西来宾市金秀盘瑶男子外穿黑色对襟上衣，领口处镶8cm宽的彩色瑶锦；下穿黑色长裤；包瑶锦头巾，头巾末端用流苏装饰；腰系彩带，盛装时带围裙，披披肩（图2-1）。广西桂平盘瑶的男子服饰与金秀盘瑶的男子服饰基本相同，不同的是：广西桂平地区男子在外衣外加一件瑶锦披肩，披肩前后镶有流苏；系绣花围裙；头部多用长条织绣花纹彩带包为圆盘状，在右侧耳后上方的圆盘上伸出一节彩带垂于肩部并在末端缀有丝穗；下穿黑色长裤，腿上扎有百花纹的绑腿，用红丝带固定（图2-2）。广西百色田林盘瑶男子上穿褐色立领对襟短衣，下穿黑色长裤，立领、门襟、口袋、袖口、裤脚口有瑶锦装饰，包瑶锦头巾（图2-3）。广西贺州市贺县盘瑶男子服饰与桂平服饰较为接近，用织花瑶锦缠圆盘状头饰；披花披肩；上衣右衽交襟，

图2-1　广西金秀盘瑶男服　　　图2-2　广西桂平盘瑶男子服饰（正面、背面）　图2-3　广西百色田林盘瑶男服

图2-4　广西贺州盘瑶男服（正面、侧面）　　　　图2-5　广西贺州盘瑶男子盛装　　　　图2-6　广西桂林临桂县十二盘
瑶男子服饰

织绣彩边；袖口饰红、黄、白、蓝、黑等色布条；
系绣花围裙，腰扎数条锦带；下穿黑色长裤（图
2-4、图2-5）。广西桂林临桂县十二盘瑶男子一
般穿蓝、黑色交领右衽或对襟长衫，衣外披精心
绣制的约8cm宽的彩带，腰系白布，彩布吊于腰
带左右，下穿长裤，头包蓝、黑色头巾（图2-6）。

❷ 土瑶

　　广西贺州土瑶男子便装时包素花头巾，一
般以白色为主。上衣一般穿两件，内穿白色对襟
布扣衣，外穿蓝色对襟布扣衣，两件服装衣长约
40cm，胸前各缝有一个贴袋。平时穿着时不系
扣，将白色内衣露出来（图2-7）；盛装时在胸前
挂数十串串珠、彩穗，下穿大裆、宽裤口蓝长裤
（图2-8）。

❸ 过山瑶

　　过山瑶因其祖先以耕山为主，"食尽一山过
一山"，迁徙无常而得名。

图2-7　广西贺州土瑶男子常服

图2-8　广西贺州土瑶男子盛装

广西崇左宁明地区的过山瑶男子，头包层层黑色头帕，并在黑色头帕外加瑶锦花带；上身内穿白色立领对襟衣，外面穿蓝、黑色立领对襟衣，外衣长约50cm，内衣衣长约54cm，可将内衣露出来，与外衣形成鲜明的对比。外衣门襟内侧、口袋、袖子靠上四分之一处镶嵌五色丝绒线制成的装饰纹样；下穿大裆、宽裤口的蓝、黑色长裤，裤外侧缝镶嵌五色丝绒线制成的装饰纹样（图2-9）。

图2-9　广西崇左宁明过山瑶男服（侧面、正面）

④ 坳瑶

坳瑶名称的由来与他们的装束有关。"坳"字是瑶语的译音，是指头髻高高耸起的样子。过去，坳瑶男女都将长发盘于头顶正中，因此而得名。坳瑶人自称"坳标"，居住在金秀瑶族自治县。

坳瑶男子头戴黑色绣花头巾，身穿对襟立领上衣和黑色长裤，在领面、门襟两边、口袋边缘、袖口边缘及裤脚口处有刺绣纹样（图2-10）。坳瑶的刺绣纹样多以龙、凤、花、鸟等为元素（图2-11），多采用锁绣手法进行刺绣。

图2-10　广西金秀坳瑶男服　　图2-11　广西金秀坳瑶男装刺绣纹样

⑤ 顶板瑶

顶板瑶男子头缠包头，包头两端有精美的刺绣。上身外穿圆领对襟坎肩，坎肩的领子、袖窿边沿、衣角边沿均用彩线锁绣。经济宽裕的人，在两边衣襟上各用红毛线绣出宽约5cm的花边，再用上百颗小银毫排列成扣子花，穿时敞开，十分富丽（图2-12）。

图2-12　云南勐腊顶板瑶男装

（二）女子服饰

① 盘瑶

（1）广西百色田林盘瑶：广西百色田林地区的女子用六七米长的黑地绣有通天大树纹的头巾包头，层层缠绕，在额前交叉为人字形（图2-13）；穿青黑色长过膝盖的右衽交领衣，胸前刺绣瑶锦，并镶嵌方形银牌，袖口有刺绣装饰，下摆从腰部开始左右两边开衩，开衩处镶蓝边（图2-14、图2-15）；外披瑶锦披肩，披肩四周镶有红绒球，披肩后背处挂几十根饰黑白珠串的粉红色丝穗的"金棒"装饰，挑花和红色绒球披肩传说代表龙犬死时吐的鲜血（图2-16）；下穿黑色或蓝色长裤，围黑色镶宽蓝边的长围裙，系六七米长的腰带，腰带外再系上有绣

图2-13　广西百色田林盘瑶女子头帕

图2-14　广西百色田林盘瑶女子服饰

图2-15　广西百色田林盘瑶女土布长衫

图2-16　广西百色田林盘瑶女服背面

花、珠串与丝穗装饰的围腰。

（2）云南麻栗坡盘瑶：云南麻栗坡盘瑶服饰与广西百色田林盘瑶服饰极其相似，仅有头饰和胸饰略有不同。云南麻栗坡盘瑶头部用黑色头帕缠头，不似广西百色田林盘瑶的交叉缠绕（图2-17、图2-18），并在黑色头帕外包一层瑶锦帕起到固定黑色头帕的作用，同时又美观大方。这个地区的胸饰（红绒球）比广西百色田林盘瑶的略小（图2-19）。

图2-17　云南麻栗坡盘瑶女子头帕（1）　　图2-18　云南麻栗坡盘瑶女子头帕（2）　图2-19　云南麻栗坡盘瑶女子服饰

（3）广西桂平盘瑶：广西桂平地区的女子包头样式繁复，大都以长条彩带层层缠绕，先用红色织花带缠头，再用黑、白或红、黄的织花带缠成盘状，再在头上盖一块织绣十分精美的边缘均缀有红色丝穗的瑶锦。上衣是青黑色右衽交领上衣，交领有刺绣花边，前短至腹，后长至小腿，瑶族上衣多为前襟短而后襟长，称为"狗尾衫"。上衣外披两层披肩，里面一层披肩的前胸为对襟，后背长至腰间；最外面的披肩的前胸上部缀4个横向排列的银牌，下部为3排纵向排列的几十根串着黑白串珠和红丝穗的"金棒"，后背装饰与前胸部位基本相同，吊着几十根"金棒"。"金棒"是盘瑶服饰的特色装饰之一。腰束7条锦带，系蓝边黑色绣花小围裙，腰后系一条红线连成的腰裙。下着裤脚有宽花边的织锦裤。全身形成黑色与红、黄相配的对比强烈的色调，非常艳丽（图2-20、图2-21）。

（4）广西来宾金秀盘瑶：广西来宾金秀盘瑶女子用白土布缠头，形成上大下小的圆台形，再用瑶锦带缠在白土布之外，锦带上饰有珠串，左右两耳上方的锦

图2-20　广西桂平盘瑶女服（1）　　　　图2-21　广西桂平盘瑶女服（2）　　　　图2-22　广西金秀盘瑶女服

带上分别垂下9束彩穗，头顶覆盖瑶锦（图2-22）。上穿长60cm左右的右衽交领衣，无领无扣，左右襟镶有瑶锦窄花边，袖口用红色布镶边。腰系一块黑地绣花小围腰，镶蓝色宽边。下穿深色长裤，用白色腰带缠腰，再用由一条彩线绣成的花腰带缠紧，腰带两端有三十余厘米的彩穗垂于腰的两侧。右衽交领衣外有两层披肩，里面一层披肩的前胸为对襟，后背长至腰间（图2-23、图2-24）；最外面披肩的前胸上部缀4个横向排列的银牌，下部为3排纵向排列着的几十根串着黑白串珠和红丝穗的"金棒"，后背装饰与前胸基本相同，吊着几十根"金棒"（图2-25）。

图2-23　广西来宾金秀盘瑶女服上衣　　　图2-24　广西来宾金秀盘瑶女服两层披肩　　　图2-25　广西来宾金秀盘瑶女服肩背部的金棒

（5）广西小尖头盘瑶：广西来宾金秀、桂林荔浦一带的部分盘瑶称为"尖头瑶"（图2-26～图2-28），头戴圆锥形的竹笋壳，形成尖顶状，再用红、黄等色的锦带层层扎紧并将带端的丝穗留在头的两端。因头饰比贺州的"尖头瑶"小，故而称为"小尖头"。其服饰与金秀盘瑶基本相同。

图2-26　广西来宾金秀
小尖头盘瑶服饰

图2-27　广西来宾金秀小尖头盘瑶头饰

图2-28　广西桂林荔浦小尖头盘瑶

（6）广西贺州大尖头盘瑶：广西贺州贺县的女子头戴十余层彩布和瑶锦组成的尖塔状帽子，瑶锦末端吊有黑白珠串及红线穗，盛装时其帽檐厚20cm左右，高50cm左右，重20kg左右，由于帽顶为尖头状，造型又比较巨大，因此又称为"尖头瑶"或"大尖头"（图2-29、图2-30）。据说戴上这种尖头帽进密林、入草丛，均可"打草惊蛇"，免受其害。其服饰与其他盘瑶服饰基本一致，上衣为右衽交领长衫，腰部以下两侧开衩，交领部位

图2-29　广西贺州大尖头盘瑶服饰

图2-30　广西贺州大尖头帽

图2-31　广西桂林龙胜盘瑶女子上衣门襟刺绣图案

图2-32　广西桂林龙胜盘瑶女子围兜

图2-33　广西桂林龙胜盘瑶女子肩搭

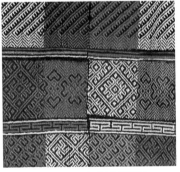

图2-34　广西桂林龙胜盘瑶女子裤脚图案

镶花边，袖口用彩布条和花边装饰；披绣花、镶边、缀流苏的披肩；下穿黑色长裤；系镶有多层花边的黑色围裙，用花腰带将围裙系紧；随身挎彩布条镶饰的挎包。常装的装饰较少，不佩戴银饰、披肩和围裙。

（7）广西桂林龙胜盘瑶：广西桂林龙胜各族自治县的盘瑶女子盛装为对襟黑色或蓝色长衫，衣长及大腿中部，门襟处刺绣花纹，常见花纹有水波纹、卍字纹、牛牙纹（图2-31），上衣门襟内装饰有围兜（图2-32）；腰部用宽20cm两端吊挂红色丝穗的腰带系扎镶蓝色宽边的围裙；肩部披黑色肩搭，其两端及中间各绣有一个太阳花，并在太阳花处装饰五彩丝线（图2-33）；包黑色头帕；下穿长裤，裤脚采用横针法，绣有三层图案，每层有8个方格，每层方格的图案基本相同，但色彩不同，最下层为卍字纹，中间层为四季花，寓意四季平安，最上层为山峦图，代表着盘瑶居住地方的秀美（图2-34）。少女盛装时，服装款式相同，不同处在于头饰"羚羊角"。相传盘瑶始祖瑶王被一只羚羊撞下山崖身亡，悲痛的瑶民将那只羚羊杀死后，用它的角制成了帽子，以此，世世代代纪念瑶王。"羚羊角"用竹子做帽子，用木头和铁丝搭成羚羊角的形状，用黑布缠裹（图2-35），并在外面用瑶帕覆盖，瑶帕正中间绣有瑶王印，四周绣有卍字纹、八角花、桐树花等图案，并在瑶帕四周装饰串珠和流苏等（图2-36）。

图2-35　广西桂林龙胜盘瑶女子盛装"羚羊角"
内部结构

图2-36　广西桂林龙胜盘瑶少女盛装

（8）广西桂林临桂县盘瑶：广西临桂县的盘瑶服装与桂林龙胜地区的盘瑶服装款式基本相同：上衣下裤，上衣为蓝、黑色对襟长衫，衫外绕过颈部另加一条宽8cm左右的瑶锦彩带（图2-37），女子的头饰外形独特，被称为"凤冠"（图2-38）。

（9）广西桂林阳朔盘瑶：广西桂林阳朔的盘瑶服装款式为上衣下裤，上衣一般为黑色或深蓝色，交领右衽，腰间系扎白色腰带，领口有花锦装饰，袖子从上臂中部开始以花锦装饰，分4层，依次为花锦、白底印花布、黑底印花布、红地印花布；下着7分宽腿裤，裤子从大腿中部开始有花锦装饰，与袖子相同，也分4层；头部大都以长条彩带层层缠绕成盘状（图2-39）。

图2-37　广西桂林临桂县盘瑶女服　　图2-38　广西桂林临桂县盘瑶女子凤冠内部　　图2-39　广西桂林阳朔盘瑶女子服饰
　　　　　　　　　　　　　　　　　　　　　　　结构

② 坳瑶

广西来宾金秀坳瑶女子长发盘于头顶，将用竹笋壳制成的梯形竹帽戴在头上，盛装时在竹笋壳帽四周插上五枚银簪，两侧缠绕银链，并将铲形的银板插入额前发中；上身穿交领对襟的中长黑布衣，衣襟

图2-40　广西来宾金秀六巷乡坳瑶女服（正面、侧面）

图2-41　广西来宾金秀六巷乡坳瑶竹笋壳女帽

饰有红边并绣有卷草图案；下穿黑色短裤，小腿套绑腿，并用红色丝穗带系扎；系腰的白布带上用瑶锦带扎紧，戴多个项圈和项链（图2-40）。

关于坳瑶女子的头饰有一个传说：瑶族始祖盘瓠上山打猎时被羚羊撞下山而身亡，其妻悲伤痛苦，将竹笋壳折成帽子戴在头上以缅怀亡夫。此后坳瑶妇女盛装时必戴竹笋壳帽跳黄泥鼓舞，唱盘王歌，以示缅怀始祖。

坳瑶女子不带头帕，而是头戴用竹笋壳制作的小帽子（图2-41）。帽子制作非常简单，将竹笋壳的三边分别向中心折叠，便成为一个帽子的形状，用针线固定住，再在上面装饰花边即可（表2-1）。

表2-1　广西来宾金秀六巷乡坳瑶竹笋壳女帽制作过程

工艺说明	示意图
1.将笋叶裁剪成长方形形状，将两边折进去一部分	
2.将长方形最上方两个角向下折叠，使顶部形成一个尖角	
3.将顶部尖角向下折叠	
4.将帽子整理成符合人体的立体形状	帽子正面　　帽子后侧面

❸ 土瑶

广西贺州土瑶女帽很有特色，主要用油桐树的皮壳制作，根据各人头颅大小圈箍固定成型，垂直地涂上黄、绿相间的颜色，再涂以桐油，色泽油亮鲜艳。帽顶盖数条毛巾，用彩线将毛巾、帽子紧系于头上。毛巾上撒披串珠，串珠越多，说明人越勤劳、富裕，也显得越美（图2-42）。女子的衣服类似旗袍，开衩较高，下摆及踝。平时劳作时将前襟撩起掖在腰间，用织花带束腰；长袍外套短衣，短衣款式与男装外套相同；内穿长裤，长裤后腰处饰一瑶锦，边缘缀有红色丝穗，将腰以下的长袍遮住（图2-43）。土瑶服饰全身上下色彩庄重而艳丽。

图2-42　广西贺州土瑶女帽（正面、背面）

❹ 大板瑶

（1）广西防城港大板瑶：大板瑶服饰以威仪、色彩斑斓为美，主要用黑色或蓝黑色棉布制作，再配以色彩斑斓的花边图案，其中"板八"是大板瑶服饰的主要标识。

大板瑶认为自己是麒麟和狮子的后代，因此，他们的传统服饰上保留了夸张的头饰造型：布板由80层布料黏制而成，顶板高33cm（1尺）左右，用红布折叠成宽6.7cm（2寸），长13.3cm

图2-43　广西贺州土瑶女服

（4寸）大小的矩形，然后重叠装订，这种独具特色的头饰被当地壮族人称为"板八"，一直沿用至今，其居住地也因此被命名为"板八瑶族乡"。壮语中的"板八"是大板瑶头饰布板的层数，即80层布板的简缩语。帽子的高度越高，布板层数越多越好。再用红花布、白花布做盖固定在头上（图2-44），非常壮观亮丽。

广西防城港大板瑶服装为上衣下裤式样。上衣为黑色交襟，前衣摆、后衣摆和袖口处都有红布、白布镶边，并在镶边处均匀地缝上4条或5条白线；领口和胸

图2-44 广西防城港大板瑶头饰（正面、背面）　　　　　　　　　　图2-45 广西防城港大板瑶女装

前两边各镶一块红布，在红布上镶上白边，红布中间绣上线条和花卉图案等；再配上项圈、项链、彩色花线、花坠。裤子为黑色长裤，从裤脚口开始往上绣各种线条和花卉图案等，少则十几圈，多者达40多圈，直到膝盖（图2-45）。

（2）广西百色那坡大板瑶：广西百色那坡地区的大板瑶因女子头上层层缠绕的形如一块圆板的头饰而得名。头饰用黑色长布条层层缠绕，最外层用瑶锦花带扎紧，有些花带下垂吊粉红或红色流苏（图2-46）。上衣为立领对襟长衫，衣长及踝，领口、袖子装饰花边；胸前佩戴六块方形银牌，披由红绒线制成的披领，长至腰；腰部前面束黑地、四周镶花边的围裙，后面束瑶锦流苏围腰，长至膝（图2-47）。

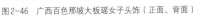

图2-46 广西百色那坡大板瑶女子头饰（正面、背面）　　　　　　图2-47 广西百色那坡大板瑶女服

（3）板瑶：板瑶分布在广西柳州融水同练乡、贵州从江县、西江县、榕江县、雷山县、丹寨县、剑河县、三都水族自治县、罗甸县的板瑶，少女盛装很有特色，长发盘于头顶后用黑布包缠，再戴上人字塔形木架，冠上披瑶锦，挂串珠、银链、五彩丝穗，插银牌、纸花，彩线交织，色珠串串，极为富丽，称为"狗头冠"（图2-48）；上身穿"亮布"右衽交领衣，内穿圆领"亮布"背心，背心胸前从领口到腹部缀有数十粒圆形银牌和一枚长方形大银牌（图2-49）；下穿长至膝盖的百褶裙，裙内穿黑布长裤，裙外扎七彩条纹百褶围裙。常装与盛装的区别在于头巾，常装无需佩戴"狗头冠"（图2-50）。

图2-48 融水板瑶盛装"狗头冠"

图2-49 融水板瑶盛装女服

图2-50 板瑶常装

❺ 过山瑶

（1）广西崇左宁明过山瑶：广西崇左宁明过山瑶女子服饰中，引人注目的是她们的头饰，共分3层，最内层是40层红布黏制而成的布板，第二层将瑶锦铺在红布板上，并用七彩珠串系扎，外层用瑶锦覆盖（图2-51）。上衣为交领长衫，两侧开衩，衣长至膝，领口、袖口、开衩及底摆处镶嵌瑶锦花边（图2-52）。

（2）广东连南过山瑶：广东连南过山瑶在清朝时期分别从湖南和广西迁徙到连南，其服装式样与广西金秀小尖头盘瑶比较接近（图2-53、图2-54）。广

图2-51 广西崇左宁明过山瑶女子头饰

图2-52 崇左宁明的过山瑶女服　图2-53 广东连南过山瑶女子头饰（正面、背面）

图2-54 广东连南过山瑶女子服饰

东连南过山瑶上身穿交领对襟的黑布衣，衣襟边缘绣有几何纹样；下穿黑色长裤，裤脚口刺绣几何图案，小腿套绑腿，并用红色丝穗带系扎；腰部系扎刺绣精美的围腰。服装整体与广西金秀小尖头盘瑶相比仅头饰略有不同，广西金秀小尖头盘瑶头饰由竹笋壳衬底，外包黑色蓝靛布，外加瑶锦带装饰而成，广东连南过山瑶头帕外部用一整块花布分4～5层包覆，并在头帕中部外系扎一块红色流苏，美观大方。

⑥ 红头瑶

相传远古瑶家迁徙时，瑶族妇女们走在最前面，她们头顶红色的芭蕉花，给后面的人指路。由此演化为今天的"红头瑶"中独特的头饰。

云南金平"红头瑶"分支较多，但女子服装式样基本相同，都穿长衫，花裤。

云南金平县金河镇白马河村已婚妇女戴大红色包头，包头时大部分头发剃光，一般只留头顶和前额的头发塑成圆锥形，用红头帕包裹，饰以银链等，称为"红布尖头瑶"（图2-55）。上衣为交领长衫，领门襟处绣花并镶嵌彩色绒球装饰，长衫两侧开衩，衣长至脚踝，并用布带将长长的左右前襟底摆掖在腰间系牢，并在前襟系扎处加盖一条短围腰，因内部有折叠后的衣襟衬托，故围腰造型丰满粗实；下穿全绣花长裤（图2-56）。未婚少女按当地风俗，一般不戴尖头帽，女孩七八岁时包青黑色头帕（有些地方为婚前），十五六岁时改包红头帕（有些地方为婚后）。

红布尖头瑶选择戴这种头饰还有一段美丽的传说：很久以前，瑶山有一个美丽聪敏的瑶族姑娘，她被国王选做妃子，入宫前，姑娘思前索后，不入宫，会连

图2-55 云南金平红头瑶女子头饰　　图2-56 云南金平红头瑶服饰

　 累自己所有的亲人，入宫则会背叛自己的民族与青梅竹马的恋人。为了家人平安
与自己深爱的恋人，勇敢美丽的瑶族姑娘想出一个办法，在选妃队伍尚未来到时，
她忍痛拔下自己的头发和眉毛，使自己的容颜改色；她又强忍伤痛，用白布把头
包扎起来，可是头皮渗出的鲜血顿时染红了包扎的白色头布。

　 迎亲队伍来了，当国王看到姑娘被头皮鲜血染红的头布时，他大惊失色。幸好
国王开明睿智，他在得知姑娘的顾虑后，并没为难她，而是放弃了选姑娘做妃子
的打算。瑶族姑娘的勇敢与智慧，不仅挽救了族人的性命，还捍卫了自己的爱情。

　 瑶族为了纪念这位英雄姑娘，将自己的民族命为"红头瑶"。并继承这位瑶
族姑娘的做法，每位女子在结婚的头天晚上，都会由德高望重的老年妇女将其头
发、眉毛全部刮掉，并带上红头瑶特有的红尖帽，以示她已为人妇。这种习俗保
留到今天。

　 云南金平县勐桥乡的红头瑶已婚妇女与未婚少女相同，都戴大红色包头
（图2-57）。成人服装上衣为交领左衽长衫，领门襟处绣花，左门襟沿花边覆盖一
层银板，长衫两侧开衩，衩口用红线装饰缘边，前衣长至膝盖，后衣长至小腿中
部，并用花腰带在腰间系扎黑色红边短围腰；下穿半绣花长裤（图2-58）。未婚少
女门襟没有银片装饰，不用带围腰，长衫前衣襟掀起用黑布腰带系扎在腰间。

图2-57　云南金平县勐桥乡的红头瑶服饰　　　图2-58　云南金平县勐桥乡的红头瑶服饰（刘德敢/摄）

7 顶板瑶

　　云南顶板瑶分布于云南红河哈尼族彝族自治州、文山壮族苗族自治州、景东彝族自治县、勐腊县等地，女子服饰瑰艳华美。头缠黑色绣花包头，包头上用长银链缠饰并固定。上着对襟长衫，两边开衩、银纽、领和襟用由玫瑰色毛线做成的长条镶饰，就像围着一条毛绒绒的围巾，十分漂亮。据说做一条这样的饰条一般要用1.5kg左右的毛线。腰缠黑色腰带，并将前片衣角向上提起别在腰带上，让美丽的花裤充分展示出来。腰的右前和左后部各坠一大束玫瑰红缨穗（图2-59）。下穿绣满五彩花纹的长裤。绣花裤是瑶族妇女智慧、勤劳和独特审美观及高超挑绣技艺的结晶，常被视为她们能干与否的标尺。裤子上绣纹的内容和造型形式多数以客观原型为依据，常见纹型有虎爪花、猫爪花、牛角弯纹、手指弯钩花、弯弯花、棉桃花等。色彩的运用与搭配也独具匠心，丰富多彩。据说一条结婚时穿的新娘裤要绣一年。现在中老年人用碎花布做裤子的也较普遍。顶板瑶妇女戴银圈耳环、手镯、戒指等首饰。

图2-59　云南勐腊顶板瑶女子服饰（正面、背面）

（三）盘瑶婚礼盛装

1 小尖头盘瑶

瑶族的婚礼服最为漂亮、豪华，是极为夸张的服饰。新娘礼服，也叫"合衣"，合衣由四块头巾、两件上衣、一条腰带、两条裤子组成。四块一式的头巾，用长约73.4cm（2尺2寸）、宽约66.7cm（2尺）的布制作，以红、橙、黄、绿、青、蓝、紫七色丝线，绣满鸡冠花、重幼花、万寿花和大木花，周围用红、蓝、青三色花边，紧靠花边的是180朵鸡冠花，呈花环状，花环两边绣着16朵重幼花，两边各挑上5组红、白相间的万寿花。头巾的中心图案是40朵山茶花。合衣的裤子为直筒宽脚黑布裤，膝盖以下全挑花，花的图案成横向排列，共分8线，分别是金花、银花、针叶花等（图2-60）。新娘的合衣必须自己缝制，不能让人代做，制作时专心致志，倾注感情，因为这是标志自己对幸福美满生活的向往，新郎婚服由母亲制作。各支系的婚服虽然不尽相同，但都选用红色。瑶族不仅有崇尚黑色的习俗，同时也崇尚红色，他们认为红色象征吉祥如意，可以辟邪除疫。婚礼时男女皆全身披红。

2 大尖头盘瑶

广西贺州盘瑶的新娘除全身盛装外，头上佩戴二三十层瑶锦的"大尖头"帽（图2-61），并在帽子外戴上绣有瑶王印的红

图2-60　广西来宾金秀小尖头盘瑶新娘盛装

图2-61　广西贺州大尖头盘瑶未带盖头和斗篷的新娘装

图2-62 贺州大尖头盘瑶戴盖头和斗篷的新娘装

图2-63 广西贺州大尖头盘瑶新郎装

地花边的盖头和红色的斗篷（图2-62）；新郎也要穿红色的斗篷（图2-63）。

③ 土瑶

　　广西贺州地区的土瑶男子在婚礼时用10余条毛巾包头，毛巾外用丝绒和珠串包缠（图2-64）。女子着盛装或婚礼服，在树皮帽上搭盖20多条毛巾，毛巾上有土瑶人用彩色颜料书写的情歌及表达爱情的词句，同时要佩戴数十条串珠与彩线，婚礼时长袍前襟放下（图2-65）。

图2-64 广西贺州土瑶新郎装

图2-65 广西贺州土瑶新娘装

二、蓝靛瑶各支系服饰

蓝靛瑶是瑶族中分布最广泛的一支，各地服饰大体相似，差别主要表现在一些细节上，而且主要表现在成年妇女的服饰上。大多数地区的蓝靛瑶男子传统服饰都是黑色，对襟立领短衣，长裤，地区不同，服装上的刺绣及装饰不同。蓝靛瑶男子"度戒"（度戒是指男子的成年礼）后多数改戴马尾编制的圆帽或缠成圆盘形状的黑布包头，只有云南勐腊、江城的男子仍戴花帽（图2-66）。

（一）男子服饰

❶ 蓝靛瑶

（1）广西田林蓝靛瑶：蓝靛瑶多穿对襟翻领黑布衣，领口、袖口有刺绣花纹，胸前戴长20cm左右的流苏带，黑长裤，包黑色流苏头巾（图2-67）。

（2）云南河口蓝靛瑶：云南河口蓝靛瑶男子内衣是称为"召襟衣裳"的无领、长袖、长及腰部的右衽单数布扣衣，外衣是称为"开门衣裳"的无领、对襟、坎肩状衣，内外衣都无装饰图案。裤子长及脚面，在裤管内或外打绑腿。

图2-66 云南金平县勐桥乡新寨村的蓝靛瑶男童服饰

图2-67 广西百色田林蓝靛瑶男子服饰（梁汉昌/摄）

❷ 广西金秀山子瑶

广西来宾金秀山子瑶男子服饰为上衣下裤式样。上衣为立领琵琶襟式样，立领、襟口、下摆、袖口等处都有花纹装饰；裤子的脚口处也有花纹装饰；头缠黑色镶花布边的头帕；肩上搭两端有几何纹样和流苏的白色围巾（图2-68）。

图2-68 广西来宾金秀山子瑶男服

（二）女子服饰

❶ 蓝靛瑶

（1）广西百色蓝靛瑶：广西百色田林一带的瑶族女子服装款式基本相同，但头饰样式较多。上衣为翻领黑色对襟上衣，衣后摆长及膝关节，平时常将前片下摆提起扎于腰间（图2-69），有些将前后片下摆都提起扎在腰间；衣领、衣襟、袖口绣小花边，胸前饰四束长近20cm的红色丝穗并用银花固定在领前；外披长约100cm、宽约60cm的黑色镶瑶锦边的披肩，用红色织带系于胸前，带上饰有红穗、珠串和银牌（图2-70）。下装是宽裤筒、青黑色长裤。百色田林八渡、凌云一带的部分瑶族喜用白色棉线扎头。百色田林八渡一带的瑶族常将长发卷于头顶并用一大束白色棉线扎住头发，用形如圆盘状的银头盖将头顶盖住，银头盖的四周有3排银币式的饰物；在额前包上多层蓝白花头巾，再将白棉线从两侧绕至前额，遮住前半部银头盖，用多串银珠捆扎固定，形成别具一格的头饰（图2-71）。劳动时瑶族女子在头饰上加一条较长的黑

图2-69 广西百色田林八渡蓝靛瑶女服饰（1）

图2-70 广西百色田林八渡蓝靛瑶女服饰（2）

图2-71 广西百色蓝靛瑶头饰（正面、背面）

图2-72 广西百色凌云蓝靛瑶盛装

头巾，以保护银头盖和白棉线不受污染。百色凌云地区的瑶族女子盛装时在白色棉线外再加粉红色流苏带扎头（图2-72）；常装头饰用绲白边的黑布包头，并用白布系扎在头上（图2-73、图2-74）。河池地区蓝靛瑶服装与百色凌云地区完全一样，女子头饰与百色凌云地区蓝靛瑶女子常装头饰几乎相同，主要区别在于河池地区在系扎的白布上扎一条粉红色流苏带（图2-75）。百色田林八渡另外一部分的瑶族女子头饰，用红布帕包头，帕外戴银架步摇冠，并在两鬓处垂吊串珠、红丝穗和圆形银牌（图2-76）。百色田林八渡、利周一带的部分瑶族女子头饰，用

五色瑶锦的长方形头巾搭在头顶，并用五彩串珠固定头帕（图2-77）。百色那坡地区的女子服装款式与田林地区基本相同，只是上衣不是翻领对襟而是右衽交领，头饰分两层，里层用白纱线似长发般覆盖在头上，外层用瑶锦流苏头巾固定在头上（图2-78）。

图2-73 广西百色凌云蓝　图2-74 广西百色凌云蓝靛瑶常装（2）
靛瑶常装（1）

图2-75　广西河池蓝靛瑶妇子头饰　　　　图2-76　广西百色田林八渡蓝靛瑶头饰　　　图2-77　广西百色田　图2-78　广西百色那坡蓝靛瑶头饰
林利周蓝靛瑶女子服饰

（2）云南蓝靛瑶：云南金平县蓝靛瑶女子服饰与广西百色蓝靛瑶女子服装款式
基本相同（图2-79、图2-80），但头饰差异较大。上衣为翻领黑色对襟，衣后摆
长及膝关节，平时常将前片下摆提起扎于腰间，有些将前后片下摆都提起扎在腰
间；衣领、衣襟、袖口绣小花边，胸前饰四束长近60cm的红色丝穗并用银花固定
在领前。云南金平县勐桥乡两个支系蓝靛瑶的头饰都很特别，头饰原来都是用自
己的头发编成，但现在人们都不留那样的长头发了，所以就用尼龙绳编成，云南

图2-79　云南金平县勐桥乡新寨村蓝靛瑶服饰（梁汉昌/摄）　　　图2-80　云南金平县勐桥乡新寨村蓝靛瑶女服
（梁汉昌/摄）

图2-81 云南金平县勐桥乡新寨村蓝靛瑶头饰　图2-82 云南金平县勐桥乡红土坡蓝靛瑶头饰　　　图2-83 云南金平县勐桥乡新寨村蓝靛瑶女服
（梁汉昌/摄）

金平县勐桥乡新寨村的蓝靛瑶女子将尼龙假发盘于头顶，呈圆锥状，为了增加其高度，还在上面额外加了一块倒置的四棱台，再在外面加上折叠成梯形的黑色头帕（图2-81）。云南勐桥乡红土坡的蓝靛瑶女子服饰与新寨村的不同在于，肩部加了一个绣花云肩，头发盘于头顶但不盘成圆锥形，而成扁平形，并在顶部加一块白色布板（图2-82），外罩一块蓝色头帕（图2-83）。

② 山子瑶

广西来宾金秀一带瑶族女子上身穿立领右衽大襟长衫，长至大腿中部，襟口处镶有红色花边和流苏；衣外披瑶锦流苏披肩，长至后背中部；腰间系瑶锦流苏彩带；下穿短裤，腿扎五彩瑶锦绑腿（图2-84）。头饰由两层瑶帕组成，里层的瑶帕在正中对叠后，形成倒"山"形状，佩戴在头上，外层用黑地、中间有圆形太阳纹的头帕包裹，并用红绒线扎紧（图2-85～图2-87）。

图2-84 广西来宾金秀山子瑶女服　图2-85 广西来宾金秀山子瑶头饰（1）　　　图2-86 广西来宾金秀山子瑶头饰（2）　　　　图2-87 广西来宾金秀山子瑶头饰

❸ 花头瑶

花头瑶居住在广西防城港上思、桂林龙胜一带。由于女子头上均罩一块彩色挑花绣帕，被称为"花头瑶"。

（1）广西防城港花头瑶：广西防城港上思一带的瑶族女子穿前襟短至膝、后襟长及踝的上衣。衣领镶有花纹，花纹的外边镶白布。胸前两边多吊穗，穗的上端用彩珠串起来，下端为红、绿、黄丝线，垂至腹部（图2-88）。袖子靠袖口的一半，各用13cm红、蓝花布相接镶在黑布上，显得美观大方。衣服的前襟用2块红布镶边，后襟开衩，内边镶红边，开衩处用红、黄色丝线各绣有2朵如玉米粒大小的花。女衣无扣，穿时腰部系上一条宽约8cm的腰带，把衣服扎紧。腰带用红、黄、黑、白等几种颜色的绒线织成，中间是黑色的长方形图案，两端各有5个黑白的平行四边形图案。腰带两端有红绒线彩穗，穗长约33cm。因后衣长，走路不便，穿着时往往把后襟撩起来，扎在腰带上。花头瑶女子胸前有一块胸围，胸围是用一块三角形的白布绣上各种花纹图案再缝到一块约33cm（1尺）左右的正方形大花布上制成。胸围有两层，中间是一个袋子，女子的钱包就放在这个袋中。它和衣服相配，既实用又别致。根据史料记载，花头瑶原本穿长裙，后改穿长裤；由于受到周围其他瑶族的影响又改穿短裤，短裤长50cm，裤脚口用丝线镶边，下扎绑腿，上面绣有花纹。花头瑶女子的发型很特别，头发由前往后梳至脖子处即向头顶收起，绕在头顶。然后用银冠罩住，在银冠的周围插上32块形如汤匙的银片，顶上用一个镶嵌有十角星银片的黑色圆布片盖住（图2-89），用红绒线绕头部

图2-88　广西防城港上思花头瑶女装

图2-89　广西防城港上思花头瑶头帕

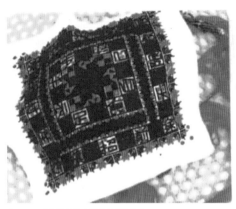

图2-90 广西防城港上思花头瑶花头巾　　　　　　　　图2-91 广西防城港上思花头瑶银质梅花发罩

7~8圈，使银冠紧套在头上；最后用一块长宽各约17cm的正方形头巾盖住头的顶部，头巾上绣有各种美丽图案（图2-90、图2-91），头巾对角用彩珠和红绒线连接成穗，既美观又便于绑扎（图2-92）。

花带是花头瑶青年定亲的信物。花带长约166cm，宽约13cm，多用红、绿、黄、白色丝线织成，鲜艳夺目。花带边沿一般饰以福、寿、卐字等图案，中间绣上各种山水风景、飞禽走兽、花鸟虫鱼，有的还绣上《白蛇传》《牛郎织女》等优美的神话故事。瑶家认为，花带的图案越复杂、美观，越能显示出姑娘的聪慧与灵巧，越能表达她们纯真的爱情。

花鞋分两种。一种叫作"镶边鞋"，除鞋面绣有花纹外，还镶有不同颜色的边，姑娘多于节日喜庆时穿；另一种叫作"乘海鞋"，前端上翘2~3cm，形如龙头彩船，专供姑娘出嫁时穿。"乘海鞋"做法独特，一般先用白色丝绸面作底，然后将各色布料剪成云彩或波浪形图案，用彩色丝线绣上花边，再拼镶在鞋面上。看上去，鞋面图案如波涛汹涌，似彩云翻滚。穿着它走山路，有如腾云驾雾，因而又称为"登云绣鞋"。

图2-92 广西防城港花头瑶头饰

花头瑶小孩戴西瓜帽，帽顶有穗，四周有许多彩穗及小铜铃。男帽、女帽的图案有一定差别，不得随便换戴。女帽绣有葵花式图案；男帽不绣花朵，一般绣几何纹样。

（2）广西桂林龙胜花头瑶：广西桂林龙胜的花头瑶服饰为上衣下裙式样（图2-93）。上衣为蓝色对襟短衣，衣外披圆形黑色披领；下穿百褶裙，裙外围花布围裙；下打蓝色绑腿；头戴彩色瑶锦流苏头帕（图2-94）。

图2-93　广西桂林龙胜花头瑶女服

图2-94　广西桂林龙胜花头瑶头帕

三、排瑶各支系服饰

排瑶是因为瑶民习惯聚族居住，依山建房，其房屋排排相叠，形成山寨被汉人叫"瑶排"，所以被称为"排瑶"。据民间传说和史书记载，排瑶主要来自湖南湘江、沅江流域的中下游和洞庭湖地区。约在隋唐时期，他们祖先经辰州、道州等地，迁徙到连南山区结寨定居。

广东连南是全国唯一的八排瑶族聚居地，分属金坑、大坪、盘石、香坪、涡水、三排、南岗、九寨、白芒九个区，古称八排二十四冲。由于排瑶居住地较为分散，加上山重水复，过去交通也不方便，他们的服饰在一些共性的基础上也产生了差异，览其全貌，各排各地都有特点，刺绣纹样也略有不同，可谓一排一俗，多姿多彩。

排瑶成年人的一套服饰中有包头巾、帕、衣、裤、腰带、绑腿、挂袋等。就服装而言，排瑶不论男女，上衣皆穿无领无扣开胸的对襟衣，用白色腰带系扎，下穿短至膝盖的宽腿裤，采用当地自纺自织的土布制成，一般为蓝靛色、黑色等。

排瑶男女无论老少一般蓄长发，多梳髻盘结于头顶，外加头巾缠绕，喜欢用白鸡毛、野雉鸡羽插在头上做饰物。耳吊大耳环，脖子上套数个项圈，这是一般男女共同的打扮。

其中，女子裹的是绣花头帕，头帕上还缠有玉镯形的"白木通"（一种海绵状的树蕊），或野薏米串珠，插的雉鸡尾是白色柔软羽毛，并插有银簪或银钗、山花等装饰品，显得十分秀丽端庄。要注意的是，区别女子婚否，主要看她的头饰，未婚姑娘不戴冠，凡盖上帕巾的，便是订婚和已婚的标志。且只有未婚女子（"莎腰妹"）头上才会插有白色柔软羽毛，象征纯洁。

与女子的头饰不同，男子裹的是红头巾，一丈多长，把头顶缠成大磨盘状，插宝剑似的鸡尾，显得非常威武。鸡尾以野山鸡的鸡毛为主，白色、灰色、褐色居多。

排瑶引人注意的莫过于男子发髻上插着的鸡毛雉羽，它不仅被视为增添秀美的饰物，还是不畏强暴的象征。瑶山有个《豆腐八王》的传说，内容大意是歌颂瑶族英雄豆腐八王敢于率众起义，反抗官军压迫的事迹。瑶民为了纪念他，便在发髻间插上鸡毛雉羽，观之威风凛凛，就像英雄那把锋利的宝剑。

排瑶的服饰有十几种之多，以涡水河为界分为东三排型和西五排型。其中，古东三排指的是油岭排、南岗排、横坑排，现指三排、南岗、横坑、大麦山等地。古西五排指的是军寮排、里八峒排、马箭排、大掌排、火烧排，现指军寮、香坪、金坑、盘石、涡水等地。其中以油岭、三排的服装最有代表性。

（一）男子服饰

男子脑后扎髻，包红头巾，插鸡毛翎羽；上穿无领、无扣青黑色长袖齐腰短上衣，袖口镶蓝色边饰，肩部缝半圆形的白布"垫肩"(俗称云肩)；下穿过膝黑色长裤，系红色腰带；外出时常挎瑶锦花包。节日盛装时男子穿绣花镶红边的黑裙，背披红披肩，披肩上饰小银鼓和银铃，戴大银圈耳环和银项圈（图2-95），喜跳长鼓舞，起舞时裙带飞舞，银铃叮当，颇为潇洒。

图2-95　广东连南排瑶男子服饰（正面、侧面）　　图2-96　广东连南 图2-97　广东连南排瑶少女服饰（2）
排瑶少女服饰（1）

（二）女子服饰

排瑶女子梳朝天髻，少女的髻上缠红绒线，用白木通、野草珠作饰（图2-96、图2-97）。已婚妇女髻上套一个用桐油树皮做的髻壳，直径约5cm，上盖用白色织带固定的蜡染头帕。再包红色瑶锦帕，帕上插白色羽毛、珠串、小银鼓、银铃。她们还戴大银圈耳环和十余个银项圈（图2-98），穿无领无扣斜襟右衽长至膝的上衣，襟边与袖口均镶有蓝边，肩部也缝有白色云肩；下穿黑地红色宽边织花裙；系白色腰带，打黑色红边裹腿（图2-99）。

图2-98　广东连南排瑶已婚妇女头饰　　　　图2-99　广东连南排瑶已婚妇女服饰

四、东山瑶各支系服饰

（一）男子服饰

广西桂林全州县东山瑶男子服饰非
常简单，上穿黑色无领对襟马甲，在领、
襟、底摆、袖窿处镶花布边；下穿长裤
（图2-100）。

（二）女子服饰

广西桂林全州县东山瑶女子服饰为上
衣下裤式样。上衣为右衽大襟衣，长至臀
部，襟口镶红色花边（图2-101），前胸悬
挂绣花手帕；配绣花长围裙（图2-102），
扎织锦腰带。女子多用白色或蓝色棉纱
布作头巾，风姿朴实，甚为大方。

图2-100　广西桂林全州东山瑶男服

图2-101　广西桂林全州东山瑶女服

图2-102　广西桂林全州东山瑶挑花围裙

第二节　布努瑶服饰

一、布努瑶各支系服饰

布努瑶主要分布在广西的都安、大化和巴马瑶族自治县；河池、宜州、东兰、凤山、天峨、忻城、上林、马山、宾阳、百色、平果和德保以及云南省富宁等县。

布努瑶支系包括6个分支14个小支（其中6个小支与分支同属），其具体分支和小支如下。

第1分支：布努瑶（布瑙方言集团）——布努瑶、背篓瑶、山瑶、背陇瑶、白裤瑶、青瑶、黑裤瑶、长衫瑶、番瑶。

第2分支：八姓瑶（巴哼方言集团）。

第3分支：花衣瑶（唔奈方言集团）。

第4分支：花篮瑶（炯奈方言集团）。

第5分支：花瑶（尤诺方言集团）。

第6分支：本柄瑶（诺莫方言集团）。

（一）男子服饰

1 布努瑶

广西河池地区的布努瑶男子头上包有挑绣花的黑头巾，头巾两端的彩穗垂于脑后（图2-103），整件服装外形酷似雄鸡，在表现美的同时，也体现了男性的阳刚之气。上穿无领或短立领对襟蓝布短衣，下穿黑长裤，腰挂银烟盒、烟斗等物（图2-104）。

图2-103　广西河池都安布努瑶男子头饰

图2-104　广西河池大化布努瑶男服

图2-105　广西百色凌云背篓瑶男子服饰

图2-106　广西河池巴马番瑶服饰

图2-107　白裤瑶男服（正面、背面）

② 背篓瑶

广西百色凌云地区的背篓瑶男子包黑色头帕；上身内穿白色立领对襟衣，外穿蓝、黑色立领对襟衣，外衣长约40cm，内衣长约44cm，可将内衣露出来，与外衣形成鲜明的对比；胸前各缝有一个贴袋；下穿大档宽裤口的蓝、黑色长裤（图2-105）。

③ 番瑶

番瑶男子服装为上衣下裤式样，造型简单。他们的服装用蓝靛布料制成；头上包黑色的头帕，头帕两端垂有红、黄、蓝丝绒线；胸前佩戴"辟邪银佩"。银佩由银链、日佩、月佩及小刀具和银叉等组成，作为辟邪之用，佩戴在身上图个吉利（图2-106）。

④ 白裤瑶

居住在广西河池南丹县的八圩乡、里湖乡和贵州荔波县瑶山瑶族乡、捞村巴平乡的瑶族，其服饰简洁而质朴，因男子皆穿白裤，故得名"白裤瑶"。

白裤瑶服装用料都是自织自染的土布，以青色和白色为基本色调。男子服装以五大件为主：白布或蓝布包头巾；对襟无扣短上衣；青色布腰带；白色紧腿大档裤和刺绣精美的绑腿（图2-107）。黑色短上衣，领襟和袖口镶蓝边，背部和两侧开衩，衣摆镶饰蓝地"蜘蛛纹"（外形像"米"字）花边（图2-108）。盛装时穿多件上衣，从里到外，

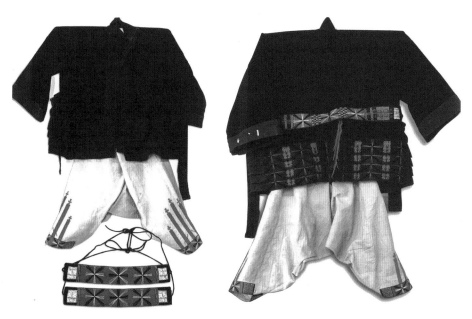

图2-108 白裤瑶男服正面、背面及绑腿

一件比一件短，每件都露出衣摆的十字花边。白裤瑶男服的特点就在于这白裤上，其裤裆宽大，便于行动，紧瘦的裤腿又便于狩猎，白裤上的五条红色线条有其寓意，据说象征的是他们的祖先为本民族尊严，带伤奋战的十指血痕，是缅怀祖先及其功绩的图案。男子扎绑腿时，先要用白布或黑布做衬底，将绑腿线呈交叉状从上至下系扎，平时可不扎绑腿，节庆活动扎多条绑腿。

⑤ 青瑶

居住于贵州荔波县瑶麓瑶族乡的青瑶，男子蓄发绾髻于头顶，用刺绣的青、黑二色头巾盘头，一般黑内花外，头巾两端绣有花纹并有及肩巾须。青色上衣无领右衽、前短后长，在领口、袖口、下摆边上都绣有组合几何纹饰（图2-109）。青瑶不

图2-109 贵州荔波青瑶男服

用衣扣，而是在衣襟上缝制细布带，结扣固定。腰间栓绣有几何纹的腰带。下身穿两条裤子，内部一条及踝，外部则及膝，裤管口绣有纹饰。

6 长衫瑶

居住在贵州荔波县茂兰镇、洞塘乡、翁昂乡、石阡县的长衫瑶，顾名思义是身着长衫的瑶族。这一支系的瑶族人皆身着长衫款式的外衣，但男女略有差别。

男性一般着青黑土布的长衫，长及脚背，款式为右衽，两侧开边。衣服素雅干净，没有任何装饰纹饰，但领口有细白边，腰带有汉字和其他纹饰刺绣。

（二）女子服饰

1 布努瑶

（1）广西河池布努瑶：广西河池地区的布努瑶女子服装款式基本相同，穿黑色右衽短衣，襟口、底摆、袖口有刺绣花边，胸前挂多个半月形银项圈并系响铃、丝穗、银牌（图2-110）；下着黑色百褶裙，裙内穿长裤（图2-111）。其头饰差别较大，河池大化一带瑶族长发盘髻，插银簪，再包两端有流苏的黑头帕；少女盛装则在黑帕上搭一银花头巾；河池都安包黑头巾，并将头帕尾端刺绣纹样放于额前（图2-112、图2-113）。

图2-110　河池大化布努瑶头饰　　图2-111　河池大化布努瑶女服　　图2-112　河池都安布努瑶女服

图2-113 广西河池都安布努瑶头饰　　　　　图2-114 广西百色田林田东布努瑶女服

（2）广西百色布努瑶：广西百色田林地区的布努瑶服装与河池地区差别较大，其款式为黑色上衣下裙式样，上衣为立领右衽短衣，立领、襟边、底摆、袖口均有花边装饰；裙子由一块布料从后向前缠绕，并在前部搭接而成，裙外再穿围裙（图2-114）。

❷ 背篓瑶

（1）上衣下裙：广西百色凌云地区的部分背篓瑶女子服装为上衣下裙、内穿裤的式样。上衣为黑色右衽大襟短衣，襟口、领口处镶有6cm宽的花边；下穿黑色无任何纹饰的百褶裙，内穿黑色宽腿长裤（图2-115）；头饰分五层：最内层用白布缠头，第二层用灰白细格子布缠头，第三层用黑布缠头，第四层用编成发辫式样的红绒线缠头，最外层用白线将五色绒线系扎在头顶（图2-116）。

图2-115 广西百色凌云背篓瑶女服　　图2-116 广西百色凌云背篓瑶头饰（正面、侧面）

（2）上衣下裤：广西百色凌云地区的部分背篓瑶女子服装款式更为简单，为上衣下裤式样，上衣为蓝色右衽大襟中袖短衣，襟口、领口处镶有4cm宽的黑布边和一条2cm宽的花布边；内穿黑色宽腿长裤（图2-117）。有些地区背篓瑶的头饰分四层：最内层用白布缠头，第二层用灰白细格子布缠头，第三层用花布缠头，第四层用两端有刺绣花边的黑色头帕缠头，并将头帕尾端伸出头帕，呈羊角状（图2-118）；另有部分背篓瑶头饰仅两层：内层用白布缠头，外层用灰白细格子布缠头（图2-119）。

图2-117 百色凌云背篓瑶女服　　图2-118 百色凌云背篓瑶头饰　　图2-119 百色凌云背篓瑶头饰（正面、侧面）

❸ 番瑶

番瑶服饰包括上衣、裤子和"哈西"三个部分。"哈西"为系在腰间的锦带，是番瑶的吉祥物之一，绣工精美，制作考究。成年的姑娘一般要在腰部系上两条"哈西"，"哈西"的丝线图案和红须都飘往后臀，形成四条下坠的红带子。

番瑶女子的银饰配有银牌、银链、耳环、手镯、项圈、铜扣、银钗、串珠等饰品，这些银饰品的种类繁多，图案各异。头、身、腰、手以及臀部等都挂有形态各异的银饰，每一种银饰都代表着不同的含义。番瑶女子头上有银簪、"发结仪"（瑶语，银花包头的布条）、银铃和银链等。银簪形如螳螂，有半尺高。盛装时头发上一般插12支银簪，如孔雀开屏，一排摆开，平时一般插6~8根银簪（图2-120）。银簪上系有银链，银链垂至后臀部，末端系银铃。"发结仪"是头上银饰中最为贵重的，把一根根细长如火柴梗的弹簧银条别在一条蓝靛布上，顶端还别上五彩的丝花。"发结仪"包住额上的头帕，走起路来，银铃"叮咚"，银簪发亮，银花晃动，美不胜收。声与色的结合，造就了番瑶女子美丽与富贵的象征。

番瑶视月亮为世间之母，是始母密洛陀升天的化身。因此，番瑶女子胸前佩戴的月牙银项圈非常讲究，小女孩、未婚女子和婚后的女子佩戴的银项圈条数各有差别。小孩一般挂3条项圈，意思是父母和自己共3丁；未婚女子挂4条，意味着希望能够成双成对；结了婚的女子则挂5条或更多项圈（图2-121），用意非常简单，以示自己已经结婚，身边人丁很多。番瑶女子手腕上戴有银镯，腰间还挂有银镯。银镯有一个特别的用途，就是当发痧或中暑，可以用毛巾把银镯和煮熟的鸡蛋包住，用力在身上的重要穴位反复地刮，痧气就会附在银镯上被带走。番瑶女子还把烟筒作为装饰品悬挂于腰间。番瑶妇女一般把烟筒系在右臀部位，烟筒里装有烟叶，要是遇上知心的小伙子，她们就会打开烟筒，取出烟叶送给对方。吸烟有害健康，如今番瑶的青年男女已经很少有人吸烟叶了，所以烟筒也就逐步失去了原有的用途，只作为装饰品悬挂于腰间。

另外，珍珠饰品也是不可或缺的饰物，番瑶女子的胸前、腰间、耳边等都系挂着七色的珍珠。

当然，随着社会的不断演化，现在这些银饰佩戴的"规矩"已经逐步被人们所淡化，取而代之的是如何佩戴才最为靓丽，就按各人的审美自行佩戴了。

图2-120　河池巴马番瑶女子头饰（正面、背面）

图2-121　河池巴马番瑶女服

图2-122　白裤瑶冬季女服　　　　　　图2-123　白裤瑶女服（正面、背面）

④ 白裤瑶

　　白裤瑶女子服饰也以五大件为主：白带黑布包头巾；无领无袖贯头衣（衣身只在肩部缝合，两侧开口，冬季穿右衽有袖衣），如图2-122所示；蜡染百褶花裙；腰带和绑腿。贯头衣背部的方形"瑶王印"图案，据说瑶王的女儿将父亲的印章偷了出来给了自己的丈夫，致使瑶王无法调动兵马，最终被女婿打败。从此以后，白裤瑶妇女便将"瑶王印"绣绘在贯头衣的后背上，时刻提醒白裤瑶妇女不要忘记这段屈辱的历史。蜡染百褶花裙从上至下由3部分组成：黑布裙腰；蜡染裙身和裙底摆（裙底摆由刺绣精美的红色丝绸绳边，底摆绳边向上7.5cm处，外加一条6cm宽的橘红色丝质无纺布边），如图2-123所示，整条裙子色彩对比强烈，美观大方。女子绑腿与男子形状相同，扎法不同（在白布或黑布衬底上不能露出绑腿线）。

⑤ 青瑶

　　贵州荔波的青瑶，成年女性蓄发绾髻。发簪分两种，日常生活插以牛角制成的骨簪，着盛装时则插五根银簪。瑶族爱银，青瑶人也不例外，妇女胸前戴五至七根银项圈，项圈下挂数只银鸟（图2-124、图2-125）。少女头插4根剑形银簪，银簪从后发髻往前，在头顶处上翘，正面看呈扇形（图2-126）。妇女

图2-124　青瑶少女服装（正面、背面）（梁汉昌/摄）　　图2-125　青瑶少女银项圈（梁汉昌/摄）　　图2-126　青瑶少女头饰（梁汉昌/摄）

在青黑粗布上衣外套穿背牌小衣，背牌小衣背部有刺绣，纹样繁复，以方形为框，内绣各式花纹，再由腋下垂挂六至十二条彩带。下着裙装，将四条裙片分别系于腰间，脚穿脚笼。女子衣饰相较于男子衣饰，更繁复鲜艳，配以银饰更彰显华贵。

　　青瑶男女过去结婚之前一律剃光头，订婚后开始留发，结婚后就结发，再包黑、白二色头巾，黑内白外，已婚妇女头巾改包成船形，再用白彩带缠系。但现今青瑶的发式习俗已改。

❻ 长衫瑶

　　长衫瑶妇女喜戴银饰项圈，头插银簪（图2-127）；女式长衫与男服相似，不缀以任何纹饰（图2-128）。但与男服有别的是，女式上装多了一件贯头式的无袖短罩衣（贯头式服装是目前中国遗存最为古老的一种服饰样式），正面同为纯色，但背面以蜡染为底加之刺绣构成图样，与大多数瑶族女式服饰相似，背部纹饰也以方形作为边框，以蜡染勾勒（图2-129）。罩衣下部坠有串珠，自腋下左右各垂一条彩色腰带。下身着百褶蜡染短裙，有时亦在短裙外包一条彩色刺绣及蜡染条布。腿部着腿笼，及踝，底部绣有花边。

图2-127 长衫瑶头饰　　图2-128 长衫瑶女服　　　　　　图2-129 长衫瑶背牌

二、花篮瑶服饰

广西来宾金秀圣堂山的女子黑色上衣的背面挑绣有三组美丽的花纹，有兰花、金银花、玉米花、山茶花、八角花等，两袖镶饰黄、红色调的瑶锦，显得富丽堂皇，故称为"花篮瑶"。花篮瑶、布努瑶均属布努语支系，主要生活在广西都安、巴马、上林等地。

（一）男子服饰

花篮瑶男子包白色或红色头巾，上穿交领黑色长袖短衣，用腰带束紧，下穿黑色长裤（图2-130）。盛装时戴银项圈，腰带上挂有彩穗的银质烟盒，出门背长刀。背刀分平刀和钩刀两种，刀面薄而轻巧，刀刃锋利耐用，刀身和刀柄全长1m左右，刀背厚2cm，刀面宽7cm，每把刀都配有竹子制成的刀鞘，背在腰间右侧，显得威武刚强。不管下田种地，上山下河，甚至过村访亲会友，都要背上长刀。据说花篮瑶过去被迫

图2-130 广西金秀花篮瑶男子服饰

迁徙到瑶山后，开荒种地也用这种长刀。他们用刀斩棘、砍树、采药等，可说是刀不离身，体现了这个山地民族的特点。

（二）女子服饰

未成年的小姑娘留长发编辫子，长大或成婚后戴帽子。花篮瑶的帽子非常讲究，先将长发梳为"半边头"，即发梳平于眉线再倒挽于头顶，夹上银夹，并用多层黑头巾包上（黑头巾边缘挑绣红条纹），头巾包得很低，遮住眉毛，仅露出双眼；黑头巾上再包白头巾，使包头外部形成梯形。整个包头黑、白、红色彩分明，非常醒目（图2-131）。她们上身穿黑色右衽交领衣，衣长过臀，领口和襟边绣黄、红等彩色花边，衣袖和下摆分别绣30cm宽和10cm宽的黄、红色图案，图案纹样细腻，工艺精湛（图2-132）；白色挑花腰带用来固定上衣，腰带上悬挂银链和银花；下穿齐膝短裤（春/夏季）或长裤（秋/冬季），扎黑、白花纹的织锦绑腿，并用红色有穗的织带系紧；背后的披肩是黑地上挑绣精美的红、黄色花边，饰珠串和流苏（图2-133）；戴银项圈和银手镯，颈上围白色围巾，与白头帕、白腰带相呼应。花篮瑶全身上下色调古朴，黑白分明。

花篮瑶人喜欢佩戴银饰。小孩戴银手镯银项圈，认为可以除邪解秽，健康成

图2-131 广西金秀花篮瑶女服常装　　　图2-132 广西金秀花篮瑶女服盛装　　图2-133 广西金秀花篮瑶盛装女服背部披肩装饰

长。女子佩戴耳环、手镯、项圈，项圈上穿银针、银耳刮、银关刀、银麒麟等，既有吉祥寓意，又可作为点缀饰品。男子佩戴银烟盒，既能避邪，又有一定的实用性。

三、花瑶各支系服饰

（一）男子服饰

广西融水花瑶和贵州黎平县顺化瑶族乡、雷洞瑶族水族乡、地平乡、九潮镇、永从乡，贵州从江县翠里瑶族壮族乡、加榜乡的红瑶，属同一支系，男子常装用黑色头帕将头包成很高的圆筒状，头帕两端有彩穗从包头顶部自然下垂。他们喜将多件上衣重叠穿在身上，内衣为浅色对襟短衣，外衣为右衽黑布衣，并且从里到外，一层比一层短，衣摆依次露出2cm，最外一层衣长约50cm，一眼望去，所穿衣服尽收眼底，俗称"亮家底"，下穿黑色窄腿长裤，犹如马裤一般，显得彪悍利索。现今男子常装，如图2-134所示。遇到盛大节日，男子进芦笙场必须穿盛装，上身内穿蓝、黑色对襟短衣，外穿对襟或右衽斜襟马甲，马甲较内衣短2cm左右；头部戴三岔银锥头帕（图2-135）；颈部戴银项圈和银压领（图2-136）；下穿黑色窄腿长裤。

图2-134 融水花瑶男子常装（正面、背面） 图2-135 三岔银锥头帕　　图2-136 融水花瑶芦笙舞盛装

（二）女子服饰

广西融水花瑶和贵州黎平县顺化瑶族乡、雷洞瑶族水族镇、地平乡、九潮镇、永从乡，贵州从江县翠里瑶族壮族乡、加榜乡的红瑶，属同一支系，其发式特别讲究，将长发分成多股在头上盘成髻状。少女的发型突出标志是将发梢扎成圆拱状发圈，结婚后拱形发圈消失（图2-137）。上身穿"亮布"交领右衽衫，交领处绲白边，衣长前仅至脐，后至小腿中部，称为"狗尾衫"（图2-138、图2-139）；内穿多层胸兜，长至腹部；下穿黑色百褶裙，裙摆镶彩色花边，打黑绑腿。

图2-137 广西柳州融水花瑶女子头饰

图2-138 广西柳州融水花瑶女子服饰

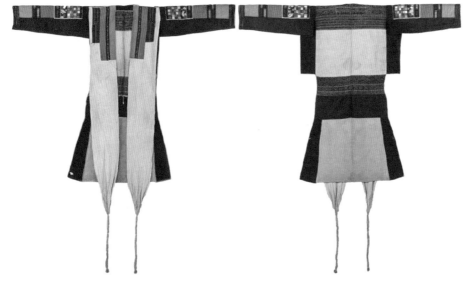
图2-139 广西柳州融水花瑶女子服饰（正面、背面）

　　湖南隆回、溆浦及贵州黎平的花瑶，妇女用黄、红等色的瑶锦和花格布包头，呈50~60cm的大盘状，头顶露发，头帕两端有珠串和彩色丝穗从头上垂于后背。上衣是对襟式白色或蓝色短衣（图2-140），袖口处镶有红色宽花边，系一条做工精致、花样独特的红、黄色挑花围裙。腰上系多层各色织花带，胸前戴银铃、银链，手上挎红色织锦花包。隆回花瑶妇女的挑花围裙做工精细（图2-141），花样独特，构图丰满，分彩色和黑白两类，多为连续图案和对称图案，题材有山区常见的飞禽走兽、树木花草，有日月星辰、山川河岳，也有瑶族的民族图腾、神话故事。想象丰富，构思奇巧，更有深刻的内涵。新娘出嫁时，要将挑花制作的嫁衣，放在一块竹篾编织的大晒簟上，由母亲、姑嫂为她着装。新娘头戴的橙红色大盘象征太阳；大盘中间的头带象征月亮；周围的饰物象征星辰。裙子上的6对红色和12对黄色横纹，代表远方的长江和黄河；各种小图案则分别体现河流、山脉、田园和村庄。花瑶人用巧夺天工的挑花，展示出一个古老民族的精神世界。

四、木柄瑶服饰

　　木柄瑶是20世纪60年代后由长发瑶改称的，主要居住在广西百色地区，离岑王老山不远的浪平乡平山村的田坝、平山、新寨、花棚等5个自然屯（图2-142）。相传木柄瑶的黄、罗、陆姓祖居今湖南省临湘市龙窖山一带，后因躲避战乱于明末清初辗转迁徙到今天平山村一带开荒定居。

　　广西百色地区木柄瑶女子服饰为上衣下裙式样，上衣为蓝、黑色交领右衽短衣，襟边、底摆绲浅蓝色布边，袖口镶花边，上衣底摆下端悬挂四串彩珠穿串的毛球；裙为黑色褶裙，并在底摆处镶浅蓝色布边；下打黑色绑腿。

图2-140　湖南隆回花瑶女服

图2-141　湖南隆回花瑶挑花纹样

图2-142　广西百色木柄瑶女子服饰

第三节　茶山瑶服饰

　　茶山瑶自称"拉珈"，茶山瑶是因住地而得名。"茶山"是历史上大瑶山北部的一个地名。根据现藏于金秀村全胜祝家的清同治6年（1867）茶山瑶师公全胜银手抄《还愿洪门太疏意者牒榜》神书第一页记录："今据大明国广西道桂林府修仁县西乡淳化里茶山洞上秀村新安社下……"地名记载可知，金秀村原名上秀村，地址是在茶山洞。又据《方舆纪要》载："茶山（永安）州西十里，绵亘深远，林菁丛郁。"大瑶山北部，恰在永安州（今蒙山县）以西，这一带的岭祖、巴勒、永合、金秀等地都有茶山瑶。

　　茶山瑶服饰的衣料花色较简单，只有白、蓝、黑三色。春夏多着蓝、白色上衣，秋冬则穿黑色衣服。裤子均为黑色。丝织带子是茶山瑶有别于瑶山内其他族系的一种特殊装饰品，又是劳动必需用品。茶山瑶既种水田又开垦山地，水田、山地远离村寨，外出劳动需带中午饭或其他物品，因山高路窄，不宜挑担，全靠背负，瑶民便用黑布缝制在带沿，以做背负之用，丝织带子和峰形带子因此成为茶山瑶的特殊标记，同时又是结婚的必备嫁妆，丝带更是姑娘喜用的定情信物。

一、男子服饰

　　茶山瑶成年男子，一般头上有发髻，用头带包结，发髻的顶端露在外面，上着黑色交领短衣，下着黑色长裤。

二、女子服饰

　　茶山瑶通常着短上衣，族内服饰的主要差异在妇女头饰，因居住地域不同，大体上有两种样式：第一种银钗式，风格独特。第二种絮帽式，鲜亮沉稳。

（一）银钗茶山瑶

　　成年妇女的头饰，用三块长约39.6cm、宽约6.6cm、重0.5～0.7kg的银板打造成弧形顶戴在头上。戴这种头饰的茶山瑶主要分布在广西来宾金秀沿河十村，长垌乡的道江、长垌、溶洞、滴水、平道，三角乡的上盘王、下盘王等村。

银钗式茶山瑶有盛装和便装之分，十八到二十岁的青年，在婚嫁、盛大节日或宗教活动时才着盛装；中年以后的妇女仅在入殓时穿。平时只需穿便装，但三块银板必不可少。盛装头饰需大量丝带，各种纱带及挑绣有花卉的白布，更有造价昂贵的银首饰；上衣用丝带镶边，叫补襟衣。衣不论套，而论"册"，上衣一册为5件或7件，内两层为单衣，最里面的是白色，最长，倒数第二层是蓝色，外面几件均为黑色夹衣（图2-143）。

盛装佩戴头饰时，先将长发梳成辫子盘于头顶，然后将三块长约40cm、宽约7cm，重约1kg的弧形银板（图2-144）固定在头顶，两头翘如飞檐一般，最后用红色织带盘头，配以白色头巾或红丝穗披于脑后，挺拔的银板、硕大的耳环（图2-145）以及全身黑、红、白色的搭配，显得庄重大方。

盛装的上衣无扣，需系腰带。腰带用黑布制成，两头绣花，有七层花，也有五层花的，图案多是拟动植物形状，较原始；底边用丝编织成狗牙花，酷似一颗颗锋利的狗牙。腰带两端分布穿缀十八颗银珠，结上彩絮。系好腰带后，还要外系绸制围裙，围好的丝带也穿有银珠。茶山瑶所穿黑色裤子，短而且宽，因此必须穿脚套。脚套制作精致，穿时需用丝带系扎。

茶山瑶盛装时需戴耳环、银项圈（5个）、菱形龙头银手镯、戒指（戒指一副3个），同戴在中指上，里、外边者为细圈形，居中者为扁形。盛装银器约1.5~2kg。

图2-143 广西来宾金秀银钗茶山瑶女装（正面、背面）

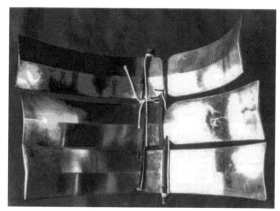

图2-144 广西来宾金秀银钗茶山瑶头顶银板

图2-145 广西来宾金秀银钗茶山瑶银耳环

银器在茶山瑶饰品中占有十分重要的地位。幼儿不分男女，从一周岁起开始佩戴银器，头上戴银制神像帽，帽的前檐神似长须老人或太白金星、土地公等，两旁是麒麟，是吉祥的象征。五到七八岁的女童，头上戴"帽珍"，上有山峰、星相、水波等图案。九至十四岁的女童，结辫盘于头顶，头上戴"平头"头饰，头饰与成人的不同之处在于头顶的银板不是弧形而是直条形（图2-146）。

图2-146 广西来宾金秀银钗茶山瑶女童装

（二）絮帽茶山瑶

絮帽式茶山瑶，发髻上均罩有头巾，头巾的一端接有棉纱絮，包头时叠成帽状。分布在广西来宾金秀忠良乡的上卜泉、下卜泉、滴水、板显、岭祖、巴勒、屯打等村的絮帽茶山瑶习惯穿蓝衣（图2-147），分布在广西来宾金秀长二、寨保、杨柳、六段一带的絮帽茶山瑶习惯穿黑衣（图2-148）。

絮帽佩戴时，将头发盘于头上并用红色瑶锦带缠绕，再用绲有花边的白头巾包头。

　　蓝衣絮帽茶山瑶上穿蓝色大襟右衽长袖短衣，右衽门襟处镶饰有彩色几何纹样的瑶锦带，衣领、衣襟、下摆、袖口处均用瑶锦镶饰；下穿黑色百褶裙，裙底边有红色瑶锦带镶嵌。套镶红色织锦边的黑色绑腿，用带穗的红色织花带系小腿；腰部围镶有红色织锦的腰带。全身上下为白、红、蓝、黑四色组成，色彩鲜亮又美观大方。

　　黑衣絮帽茶山瑶上穿斜襟交领黑色长袖短衣，衣领、衣襟、下摆、袖口处均用红色瑶锦镶饰；下穿黑色窄腿长裤，套镶红色织锦边的黑色绑腿，用带穗的红色织花带系小腿；腰系两端绣有彩花的白腰带，并在后腰打结，带端图案显露在外；腰部围镶有红色织锦的黑色小围腰；斜挎红色瑶锦花包。全身上下为黑、红、白三色组成，色彩鲜亮又不失沉稳。

图2-147　广西金秀蓝衣絮帽茶山瑶女服

图2-148　广西金秀黑衣絮帽茶山瑶女服（背面、正面、侧面）

第四节　平地瑶服饰

平地瑶主要分布在广西的富川、钟山和恭城及湖南省的江华、江永等县内。

平地瑶支系包括4个分支4个小支（分支小支同属），其具体分支如下：

第1支系：平地瑶（炳多尤话集团）。

第2支系：红瑶（优念话集团）。

第3支系：山仔瑶（珊介话集团）。

第4支系：瑶家（优嘉话集团）。

一、平地瑶

广西贺州富川瑶族女子用自织的方格灰色花巾包头（图2-149），喜着深蓝色的短衣，右开襟，襟边、袖口、裤脚分别镶道道白边或红边，服装为上衣下裤式样（图2-150）。

图2-149　广西贺州富川平地瑶头饰（正面、侧面）

图2-150　广西贺州富川平地瑶女服

二、红瑶

居住在桂林龙胜一带的瑶族，因其女子上衣为红色调而称为红瑶。

（一）男子服饰

广西桂林龙胜地区的男子服饰基本与壮族、汉族服饰相同，上衣为黑色立领对襟短衫，下穿长裤，头缠黑头巾（图2-151）。

（二）女子服饰

红瑶女子蓄发盘髻，年轻未婚姑娘盘"螺蛳髻"，并用一块中心和四角均刺绣有"瑶王印"图案的黑巾包头，包头时额前正中露出"瑶王印"，但不能露发；已婚妇女盘"盘龙髻"，即在额前挽个髻，在头上包黑头巾，并把额前的发髻露出来。红瑶姑娘都有两种不同材质的上衣，一种是用织

图2-151　广西龙胜红瑶男服

机织出的瑶锦制成（图2-152～图2-154）；另一种是用黑土布制成，并在后背、两肩和前襟上刺绣各种图案，如人形纹、狗纹、龙纹和船纹等（图2-155），图案内容特别丰富，做工也极精致，据说这些图案表现了瑶族师公传唱的《创世古歌》。衣袖两肩绣有始祖龙犬，衣身上绣有汹涌波涛中装满若干人的一艘船的图案，表现先祖迁移漂洋过海的故事。下穿蜡染花裙，花裙分4层：裙腰为白土布；上部裙身为黑土布；中部裙身为蜡染布；下摆用红、绿等色彩比较鲜艳的丝绸缝制。裙子前面无褶，后面有细密的褶，裙外穿青黑色围裙，再系彩色织锦腰带，缠黑布绑腿。

红瑶可以从其服装上区分出年龄，年轻人穿红色织锦衣或全红刺绣衣，结婚生孩子后所穿服装为半红半黑色，做奶奶后着装就是全黑色的，只有彩色织锦腰带与年轻人相同（图2-156）。

图2-152　广西龙胜红瑶织锦女服（1）

图2-153　广西龙胜红瑶织锦女服(2)

图2-154　广西龙胜红瑶织锦女上衣

图2-155　广西龙胜红瑶刺绣女上衣（正面、背面）

图2-156　广西龙胜老年女子服装

第三章
发式、头巾及头饰

少数民族非常重视自身的装饰，而瑶族也不例外。一提到瑶族，人们马上就会想到"好五色花衣""衣衫斑斓"等词，但同时，又会感慨多变的发式及精美的头饰。

这丰富多彩的头饰体现了瑶族各支系的文化传统、宗教信仰、风俗习惯、审美心理和生存状况等诸多内容。例如，有些瑶族支系头饰是区分成年与未成年的标志，有些是婚姻的表现，有些是宗教信仰的体现，还有财富和审美心理的显示等。

第一节　发式、头巾及头饰佩戴过程及意义

一、婚姻的体现

居住在广西桂林龙胜的红瑶人们的发式就是婚姻的体现。她们从小就蓄发，终身只剪一次头发，也就是16岁行成年礼时。平时梳头时掉下来的头发都会细心的收藏起来与16岁时剪掉的头发一起盘在头上。未婚的姑娘梳"螺蛳髻"，发髻像螺蛳一样盘在头顶（图3-1），并用一块中心和四角均刺绣有"瑶王印"图案的黑巾包头，包头时额前正中露出"瑶王印"，但不能露出头发（图3-2），据说第一次看到姑娘秀发的一定是姑娘的新郎。而已婚有了孩子的妇女就要梳"盘龙髻"（图3-3），

图3-1　广西桂林龙胜未婚姑娘的"螺蛳髻"盘发过程

图3-2　广西桂林龙胜未婚姑娘包"瑶王印"头帕的过程

图3-3　广西桂林龙胜已婚已育妇女"盘龙髻"盘发的过程

图3-4 广西桂林龙胜盘"盘龙髻"包头巾的中年妇女

在额前挽一个大大的发髻，在头上包与未婚姑娘一样的头巾，但要将额前的发髻露出来（图3-4）。

居住在广西柳州融水的花瑶，盘发时，将长发分成多股，为了增加长度，可在真发中加入一些假发片，在头上盘成髻状，从她们的发式上也可以辨别出已婚或未婚。少女发型的突出标志是将发梢扎成圆拱状发圈，结婚后拱形发圈消失（图3-5）。

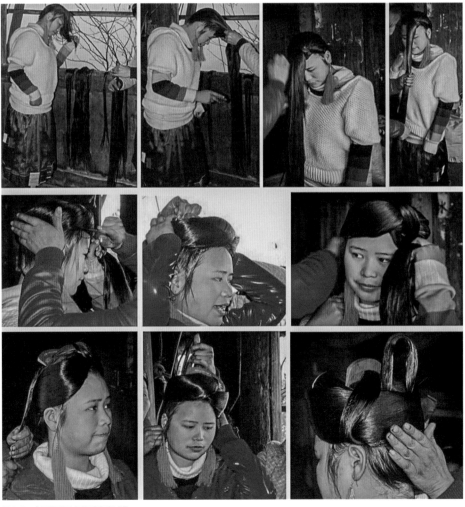

图3-5 广西柳州融水花瑶盘发过程

二、对宇宙万物崇拜的体现

居住在广西防城港上思的花头瑶女子头上佩戴着太阳、月亮、彩虹的银冠和五彩的彩霞头帕,体现了瑶族先民对未知的宇宙万物的崇拜。头发由前往后梳至脖子处即向头顶收起,绕在头顶。然后用银冠罩住,在银冠的周围插上32块形如汤匙的银片,顶上用一个镶嵌有十角星银片的黑色圆布片盖住,用红绒线绕头部7~8圈,使银冠紧套在头上。最后用一块长宽各约17cm的正方形头巾盖住头的顶部,头巾上绣有各种美丽图案,头巾对角用彩珠和红绒线连接成穗,既美观又便于绑扎(图3-6)。

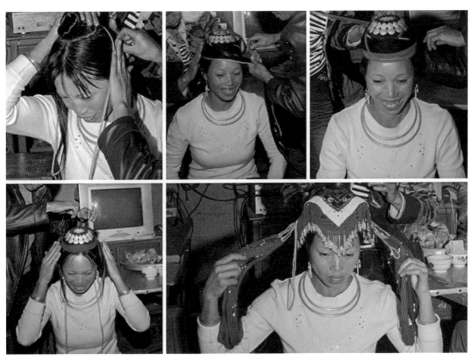

图3-6 广西防城港上思花头瑶盘发过程

三、成年的体现

广西柳州金秀地区的茶山瑶九岁至十四岁的女童,结辫盘于头顶,头上戴"平头"头饰,头顶的银板是直条形的(图3-7)。十五岁行过成年礼之后,头上戴的"平头"装饰就"飞"起来了。具体方法如下:先将长发梳成辫子盘于头顶,然后将三块长约40cm、宽约7cm、重约1kg的弧形银板(图3-8)固定在头顶,两头翘如飞檐一般,最后用红色织带盘头,配以红色头巾或红丝穗披于脑后。

图3-7　广西柳州金秀茶山瑶女童头饰　　　　　　　　　　　图3-8　广西柳州金秀茶山瑶成年女性头饰

四、图腾崇拜的体现

　　广西防城港大板瑶认为自己是麒麟和狮子的后代，因此，他们的传统服饰上
保留了夸张的头饰造型——布板由80层面料黏制而成，顶板高达33.3cm（1尺）
左右，用红布折叠成宽6.7cm（2寸）长13.3cm（4寸）的矩形，然后重叠装订。
这种独具特色的头饰被当地壮族人称为"板八"，一直沿叫至今，其居住地也因此
被命名为"板八瑶族乡"。壮语中的"板八"是大板瑶头饰布板的层数，即80层
布板的简缩语。帽子的高度越高、布板层数越多越好；再用红花布、白花布做盖
固定在头上（图3-9），非常壮观亮丽。

图3-9　广西防城港大板瑶头饰（正面、背面）

第二节　瑶族各支系头巾的佩戴方式

瑶族头巾的佩戴方式多种多样，最具代表性的有盘绕式、尖头式、飞檐式、凤头式、帆船式、头帕式、圆筒式、顶板式等。

一、盘绕式（图3-10～图3-21）

图3-10　广西百色田林盘瑶

图3-11　广西桂平盘瑶

图3-12　广西来宾金秀盘瑶（正面、侧面）

图3-13　广西龙胜盘瑶

图3-14　广西河池大化布努瑶

图3-15　广西贺州盘瑶

图3-16　广西百色凌云背篓瑶

图3-17　云南勐腊顶板瑶（正面、背面）

图3-18　广西富川平地瑶（正面、背面）

图3-19　广西百色凌云背篓瑶

图3-20　广西百色凌云背篓瑶（正面、侧面）

图3-21　广西百色那坡大板瑶（正面、背面）

二、尖头式（图3-22、图3-23）

图3-22　广西贺州大尖头盘瑶（正面、背面）　　　　图3-23　广西来宾金秀"小尖头"盘瑶（正面、背面）

三、飞檐式（图3-24～图3-26）

图3-24　广西来宾金秀茶山瑶女童　　　图3-25　广西金秀茶山瑶　　　图3-26　广西桂林龙胜盘瑶女子盛装

四、凤头式（图3-27、图3-28）

图3-27　广西百色田林蓝靛瑶　　　图3-28　广西融水板瑶（正面、背面）

五、帆船式（图3-29～图3-31）

图3-29　广西百色凌云蓝靛瑶日常装

图3-30　广西百色凌云蓝靛瑶盛装

图3-31　广西河池蓝靛瑶

六、头帕式（图3-32～图3-39）

图3-32　白裤瑶（正面、侧面、背面）

图3-33　布努瑶

图3-34　广西桂林龙胜红瑶

图3-35　广西防城港花头瑶

图3-36　广西桂林龙胜花头瑶

图3-37　广西来宾金秀山子瑶（正面、背面）　　　　图3-38　蓝衣絮帽茶山瑶

图3-39　广西来宾金秀坳瑶（正面、背面）

七、圆筒式（图3-40、图3-41）

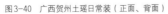

图3-40　广西贺州土瑶日常装（正面、背面）　　　　图3-41　广西贺州土瑶新娘盛装

八、顶板式（图3-42、图3-43）

图3-42 广西崇左宁明过山瑶

图3-43 广西防城港大板瑶

九、其他式样（图3-44）

图3-44 广西百色田林蓝靛瑶头饰（正面、背面）

第四章
瑶族服饰纹样

瑶族自古至今没有自己的文字，在学会使用汉字之前，他们通常用图形符号或刻木刻竹的方式记事，这种方式一直持续到1949年。因而可以说，瑶族女子织绣的图纹和符号，就是从远古传承下来的"记事纹符"。"纹"与"文"古时可通用，无数图文的排列组合，构成的不仅是一幅美丽的图案，还可看成是一部关于生命起源、民族的历程史诗。

瑶族传统手工技艺以织花、挑花、蜡染、制丝及绘染而著称，世世代代传承下来的手工技艺被当地的女子巧妙地运用在日常生活中，制成了精美的服饰、被面、头巾、帽子、背带、口水兜、桌布、包被、童装花衣等，这些是当地人民生活必备的装饰品。

瑶族刺绣是一种用针和色线在布上绣制花纹的工艺美术品。瑶族刺绣是配色绣，用的色线有红、绿、黄、白、黑五种；绣花用的布底有两种，一种是白布，另一种是蓝靛布。绣白布时一般用红、绿、黄、黑的色线，绣蓝靛布时则用红、绿、黄、白的色线。在各种服饰花纹中，刺绣的基本图案是定型的，花纹的配色或格式都有严格规定，如人形纹、兽形纹限定用白色或黑色，不用其他颜色。刺绣中线条要求成对角线、垂直线与平行线，角度是45°、90°、180°，无弧线。瑶族刺绣不画底稿，一般先用黑线或白线（视布色而定）依着布纹绣出一行行大小相同的方格，然后在格中配入各种基本图形，若最后容不下一个图形，则绣半个图形。瑶族刺绣一般在反面绣，不看正面。虽然刺绣中只有三角形、正方形、长方形、菱形、齿形、蝶状等基本图案形式，但瑶族女子高超的手艺，使之能呈现出人物、动物、植物等多种形象。瑶族女子喜欢刺绣，闲时针不离手，将刺绣所用的材料用长布巾包好，系于腰间，无论在家中、野外或工作之余，将材料取出，席地绣花。瑶族刺绣用于装饰男女服装、手帕、腰巾、背带，既美化生活，又有加固边缘的作用。

织花以大红棉线为经，以红、黄、绿、蓝、紫色丝线为纬织成，花纹以几何图案为主，图样构思巧妙，线条粗细刚柔相宜、艳丽美观，多用于缝制饰衫、腰带。

瑶族女子擅长针线，个个会挑花，女孩十一二岁时就拜师学艺。挑花既不在布上画样，也不要摹本，依据布纹上的经纬构思，又叫"数布眼"，在布的背面用各色丝线设色挑花，其花纹多为几何图案，间描禽兽、花草、云朵、山水、栏杆等，形象逼真、色彩柔和、斑斓多姿。瑶族挑花可谓是一枝独秀。

蜡染先用小竹签蘸蜡汁，不需勾仿草样，直接在细白布上描绘鸡、鹅、腾龙、花瓣、排牙之类的形象，然后用蓝靛着色，取出后以清水煮沸、脱蜡，即显出白色、蓝色相间的花纹，形象逼真、色泽明艳、素净美观。

第一节　图案符号

一、太阳纹图案

人类对太阳的崇拜是永恒的，太阳的图像成为护佑人类的吉祥符号，太阳纹也在瑶族各种织锦、刺绣作品中频频出现。令人惊异的是，太阳纹在由古及今的文化传承中，更多渲染的是女子形象，这与瑶族、侗族创世神话中女神开天辟地的故事遥相呼应，记载了人类社会初始的母系氏族时期女性执掌乾坤的情景——太阳就是她们的化身。图4-1～图4-4为几种不同的太阳纹图案。

图4-1　广西防城港上思花头瑶头帕的太阳纹刺绣图案

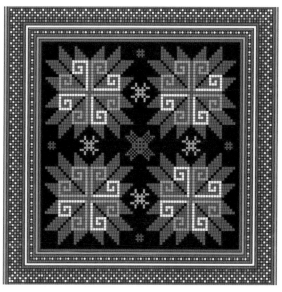

图4-2　广西来宾金秀盘瑶头帕盖头中心的太阳纹刺绣图案（1）

图4-3　广西来宾金秀盘瑶头帕盖头中心太阳纹刺绣图案（2）　　　图4-4　广西来宾金秀山子瑶头帕太阳纹刺绣图案

二、生命树图案

以树为天梯者，古有建木、若木、穷桑等。树是人们可登高的途径，人们便赋予其与天相接的神奇功能，以满足人类与命运抗争，向上进取的追求（图4-5）。

图4-5　广西百色田林盘瑶女子裤脚生命树绣花纹样

三、蜘蛛纹图案

布努瑶创世史诗《密洛陀》中，描绘了给孩子制作背带的情节：金蛛高兴地纺纱，银蛛欢喜地织布，他们拜蜘蛛们做外家，认蜘蛛们当外婆。蜘蛛被瑶族人比拟为创世始祖母。图4-6列举了几种不同的蜘蛛纹图案。

图4-6　桂林龙胜红瑶女子上衣蜘蛛纹刺绣图案

四、龙犬纹图案

据瑶族历史文献《过山榜》记载，瑶人始祖盘瓠是评王的一只龙犬，在评王与高王之战中咬死高王而立功，与评王的三公主成婚，生下六男六女，传下十二

图4-7　桂林龙胜红瑶女子上衣龙犬纹刺绣图案

姓瑶人。为此，瑶族的许多支系至今把盘瓠作为本民族的图腾，不仅按传说中五彩斑斓的龙犬之形装扮自己，还将龙犬形象织绣于衣装上。明朝《桂海志续》云："用五彩缯帛缀于两袖，前襟至腰，后幅垂至膝下，名狗尾衫，示不忘祖也。"图4-7列举了几种不同的龙犬纹图案。

五、龙蛇及蜈蚣纹图案

龙蛇形象在中国很多民族的古文化中经常使用，瑶族也是其中之一。汉代许慎《说文解字》曰："南蛮，蛇种。"瑶族史诗《密洛陀》中的二子波防密龙，便是专造江河湖海兴风作浪的龙。人依据蛇、蜈蚣等形象虚幻成龙。图4-8和图4-9列举了几种不同的龙蛇及蜈蚣纹图案。

图4-8　广西来宾金秀花篮瑶女子衣摆蛇、蜈蚣绣花图案

图4-9　广西桂林龙胜红瑶女子上衣蛇纹刺绣图案

六、蛙纹图案

密洛陀的五子阿坡阿难因造雨而被封为雷神，他催雨的方式是敲击母亲给的袖鼓和神锣。蛙鸣的鼓噪之声与锣鼓喧天不相上下，且广西民间各少数民族都有"青蛙鸣叫，天可降雨"的说法。有时蛙常常与鸡的纹符并列，作为阴阳对应，可引申为日月的象征；有时又与人形符号并列，引申为"娃"的含义。图4-10和图4-11列举了几种不同的蛙纹图案。

图4-10　广西来宾金秀红瑶女上衣挑绣蛙纹图案　　　　　　　图4-11　广西柳州融水花瑶女上衣挑绣蛙纹图案

七、人形纹图案

在古代先民"万物有灵"的思想中，图像同样具有生命的灵性。密洛陀用蜂蜡造人，乃至民间的巧妇剪彩为人，这首先是意识到人多势众的必要性，企图以此壮大自我应对外部侵袭的心理力量。瑶族织绣中的人形，有成千上万牵手集结为长阵的，有独自站立的，有头顶横板、神臂叉腿作"天"字形的，有曲张四肢如蛙之状的，有身着羽衣的窈窕淑女等。这些人形符号作为护符或替身，可帮助有血有肉的真人抵挡一切灾难。图4-12～图4-18列举了几种不同的人形纹图案。

图4-12　广西金秀盘瑶女子衣摆人形纹绣花图案

图4-13 广西金秀盘瑶女子裤腰人形纹绣花图案　　　　　图4-14 广西贺州盘瑶女子头帕人形纹绣花图案

图4-15 广西来宾金秀盘瑶头帕人形纹绣花图案　　　　　图4-16 广西桂林龙胜红瑶女子上衣人形纹绣花图案

图4-17 广西柳州融水花瑶女衣人形纹绣花图案

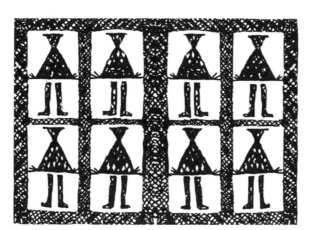

图4-18 广西河池南丹白裤瑶女子衣背蜡染人形纹图案

八、蝴蝶纹图案

瑶族织锦图案中，出现的蝴蝶一般都是成双成对的对接状，显然是取其生子繁衍的意向。图4-19列举了几种不同的蝴蝶纹绣花图案。

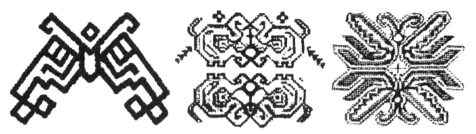

图4-19　广西桂林龙胜红瑶女子上衣蝴蝶纹绣花图案

九、大鸟与雄鸡纹图案

古人不解太阳的起落运行，便想象一只大鸟驮着它在天空巡游，到了夜晚则返回到一棵扶桑树上歇息，进而认为太阳的升降与巨鸟的啼鸣相关。为此，报晓的雄鸡也被视为逐阴导阳的吉祥物。

不过，瑶族对鸟的崇拜不止这些（图4-20）。创世女神密洛陀的四子雅友雅

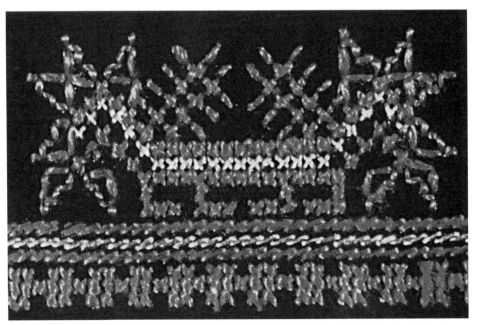

图4-20　广西来宾金秀盘瑶女子衣摆鸟纹绣花图案

耶就是一只到远方衔来花草树木种子的大鸟，而帮他惩罚背信弃义者又找到理想迁徙地的是一只忠实的老鹰。候鸟明辨方向，来去有信，不但可将植物的种子随处携带，还可报告季节的信息。这些从天而降的恩泽，使人类由崇鸟开始联想到自身的装扮。古代传说中的羽人，可能就是由此而来的。图4-21~图4-24列举了几种不同的鸟纹图案。

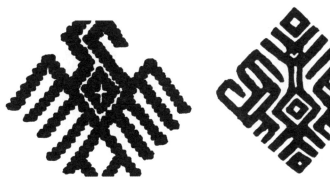

图4-21　广西来宾金秀坳瑶女子腰带鸟纹挑花图案　　图4-22　广西桂林龙胜红瑶女子头帕鸟纹挑花图案

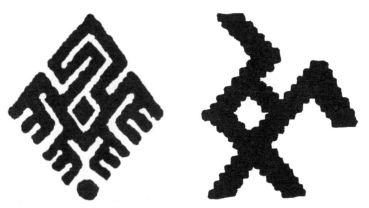

图4-23　广西桂林龙胜红瑶女子上衣鸟纹挑花图案

图4-24　广西来宾金秀花篮瑶女子衣摆鸟纹绣花图案

第二节　瑶族各支系服饰图案

瑶族各支系服饰图案丰富多彩，花样繁多，具体如图4-25～图4-30所示。

图4-25　广西百色田林盘瑶女子裤脚绣花纹样（生命树纹、人形纹、波浪纹）

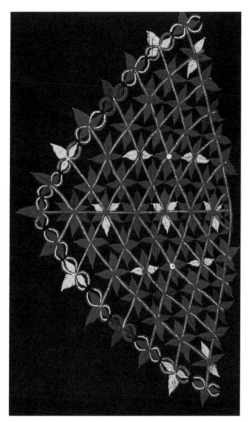
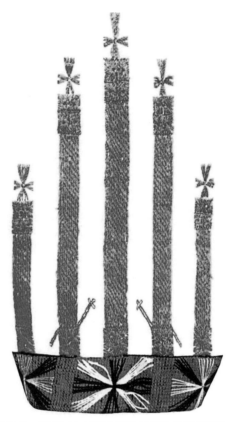

图4-26　广西桂林全州东山瑶女子衣摆绣花（蜘蛛网纹、太阳纹）　图4-27　广西河池南丹白裤瑶男子裤腿"血手印"和"蜘蛛网纹"

图4-28　广西河池南丹白裤瑶女子衣背"瑶王印"

图4-29　广西桂林龙胜红瑶女子刺绣花衣纹样（龙犬纹、太阳纹、龙蛇纹、大鸟纹、蝴蝶纹、人形纹、瑶王印等）

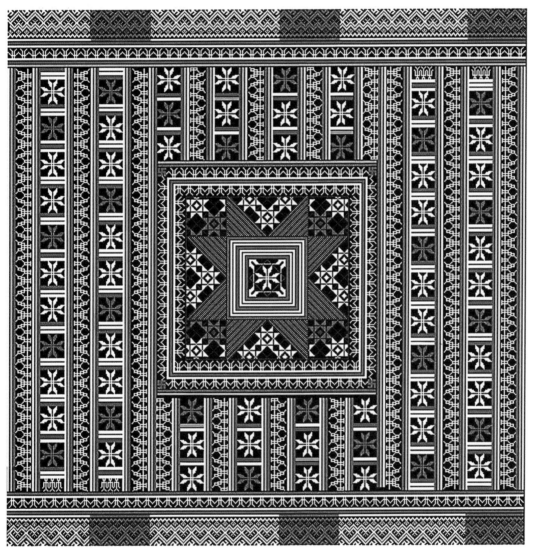

图4-30 广西来宾金秀盘瑶头饰盖头纹样（太阳纹、人形纹、卐字纹）

下篇 瑶族传统技艺

第五章

纺织工艺

瑶族纺织工艺历史悠久，在《后汉书·南蛮西南夷列传》中就记载了在秦汉时期居住于长江中下游的瑶族先民"织绩木皮，染以草实，好五色衣裳，制裁皆有尾形……衣裳斑斓，语言侏离。"由此得知，瑶族先民在原始社会末期就已经知道利用木皮来纺织布匹。明代史料中也有相关瑶人织造的记录，如"瑶人不用高机，无筈无梭，以布刀兼之"，《君子堂日询手镜》中的"瑶人以耕织为生"，讲述了纺织在瑶人生活中的重要性。清代李文琰《庆远府志》曾载，南丹"瑶人居于瑶山，男女皆蓄发。男青短衣，白裤草履；女花衣花裙，短齐膝"。可见，早在清代白裤瑶的民族服饰已然形成。

在边远的瑶族聚居区，直到现在，衡量一个姑娘聪明能干的重要标准，仍旧是服饰手工艺的精巧与否，心灵手巧、技术高超的姑娘不仅是全家，甚至是全村、全寨的光荣，而且还是小伙子们追求的对象，上门求亲者络绎不绝。因此，这些古老的纺织工艺至今还有部分保存在瑶族人民的生活中，成为其美好生活的重要基础。

瑶族的纺织工艺主要包括纺纱、织布、织锦、织花带等。

第一节 纺纱工艺

瑶族支系众多，每个支系的纺纱工艺，原理相同，但从纺纱原料、纺纱工具到纺纱手法都会有些许不同，因此，本节以白裤瑶的纺纱工艺为例，进行阐述。

白裤瑶的纺纱工序主要分为：轧棉、弹棉、搓棉、捻线。

一、轧棉

轧棉工序主要是把棉籽与棉花剥离，获得棉纤维。轧棉工序一般在农历十月至十一月进行，主要原因在于白裤瑶地区棉花一般在农历九月至十月收获。

轧棉工序使用的工具是轧棉机（图5-1），一般是由白裤瑶当地产的沙木或樟木制成，轧棉机主要是由压辊和木架组成（图5-2）。木架为方形结构，一侧放有供轧棉者坐的木板，另一侧上安装有辊轴和分别放置棉籽与棉纤维的竹篓。压辊有2个，上压辊为铁质圆形实心辊轴，下压辊为木质圆形实心辊轴，上压辊与下

图5-1 白裤瑶轧棉机　　　　图5-2 白裤瑶轧棉机细节图

压辊速度不一，方向相反，右手转动下压辊，左手加棉，脚踏铁质上压轴的竹竿，促使棉纤维在两种不同材质压辊的摩擦力作用下，棉籽与棉花自动分离，棉籽掉落于轧棉者身前放的竹篓中，棉纤维掉落于另一侧的竹篓中。

二、弹棉

弹棉的主要目的是将棉絮松开，使棉絮更加松软。以前，都是匠人采用手工操作的方式，用木棒反复敲打，使棉花变得蓬松。后来随着技术逐步改良，就采用木制弹弓敲打棉花，其在敲击时弹力较大，每人每天可弹3~4kg的棉花，而且弹出的棉花不仅蓬松还很干净（图5-3）。白裤瑶的弹棉枪是用竹子、木头与牛筋制作而成的（图5-4）。打棉弓是拿牛筋来做绳子，左边背枪，右边拿酒瓶大的木槌敲打牛筋绳，使木板上的棉花变得更加松软。根据木头、竹子的形状和大小，每家制作的打棉弓的形状和大小都会有些差异（图5-5），但作用都是相同的。

图5-3 弹棉花示意图　　　　图5-4 打棉弓(1)　　　　图5-5 打棉弓（2）

三、搓棉

白裤瑶的很多生活、纺织工具都是十分简洁方便，日常身边的很多生活器具都可以用作生产的一部分。将弹松的棉花用手在板凳上（图5-6）搓成直径3～4cm、长约40cm的圆柱体，或者用约40cm长的木棍裹上棉花搓成棉条（图5-7），再将木棍抽出，搓出的棉条（图5-8）方便捻线者在捻线的过程中使用，棉条过长，一来不好放置，二来有可能导致捻线过程中出现重叠并条现象。

图5-6　白裤瑶搓棉工具　　　　图5-7　白裤瑶搓棉　　　　图5-8　棉条

四、捻线

捻线工序就是将棉花加捻变成线的过程，捻出线的质量好坏直接影响到布的质量。白裤瑶所用的纺车为卧式手摇式纺车（图5-9），主要分为转轮和圆锭两部分，转轮比圆锭大数十倍，两者靠绳子连接。右手摇动转轮上的手柄转动转轮，由于转轮与圆锭的倍数相差较大，转轮转动1圈，圆锭已转动数10圈了。在圆锭的一端插上小竹子制成的纱锭，先把棉条放在膝盖上，用手搓出一小段棉线，将其缠在手摇纺车左手边的纱锭上，然后右手匀速摇动纺车，左手握住棉条并用拇指与食指捏住出线口，随着纺车的摇动，纱锭开始旋转，左手里的棉花纤维随之加捻变成了棉线（图5-10）。

手摇纺车的作用，实际上只有卷绕和加捻的功能，而决定纱线质量的关键——棉线粗细均匀，在于纺车速度的控制和人与纺车的配合。通过拇指与食指控制棉纤维的出量，并匀速由近及远、由远及近的来回拉线，促使棉线粗细均匀。在捻线过程中会经常断线，但不需要打结连接，只需将线头放在左手的拇指与食指间，拉动棉纤维，通过加捻，就可以很好的连接在一起。一般而言，0.5kg棉花能纺出0.45kg纱线。

图5-9　白裤瑶手摇纺车　　　　　　　　　图5-10　白裤瑶手摇纺车细节图

第二节　织造工艺

现在，在一些比较偏远的瑶族地区，女孩长到十二三岁时，开始学习纺纱，十四五岁便学习织布、织花带。多数人一般都会织平纹、瑶王印纹、卐字纹、水波纹等（这些布都因其呈现的纹样特征而得名）。在此，仅以广西南丹白裤瑶织造的平纹布为例，阐述瑶布的织造工艺。

一、织布工艺

织布工艺是指将纱线转变成布的过程，白裤瑶妇女借助煮纱、绞纱增强了纱线的韧性，又利用跑纱、卷纱等工序，为织布打下基础。这一系列工序除织布外，一般主要集中在农历的九月到第二年的二月，一来是因为秋收以后天气晴朗，空气干燥，特别适合进行跑纱、煮纱、晒纱等工艺；二来是因为冬季为当地农闲时节，白裤瑶妇女有更多的空闲时间。

（一）煮纱工艺

煮纱不仅可以使纱线白净而且更加光滑有韧性。白裤瑶一年煮两次纱线，第一次在农历的二月至三月，第二次在农历的十月至十一月。每一次煮纱线的方法都相同，都是用稻草灰水煮纱，用山苟浆纱。

① 过滤稻草灰水

把两根木棍架放在大锅上，再把垫有纱布的背篓，装入稻草灰（图5-11），放在木棍上，将沸水倒入稻草灰背篓（图5-12），通过篓中纱布的作用，过滤稻草灰水进入大锅中，直到过滤出满锅水为止（图5-13）。由于稻草灰水呈碱性，类似于洗衣粉，可使煮出来的纱线洁净、光滑。

图5-11 燃烧稻草灰　　　　　图5-12 过滤稻草灰水（1）　　　　图5-13 过滤稻草灰水（2）

② 煮纱

将捻好的纱线装入盛稻草灰水的大锅中，开始熬煮，用锅盖（如果没有锅盖可以用塑料薄膜代替）盖住棉线（图5-14），水沸腾后，在锅中放入一根玉米棒来计时，待玉米煮熟裂开后，表示纱线已经煮好。最后，把煮好的纱线用清水漂洗后（图5-15），进行晾晒（图5-16）。

图5-14 煮纱　　　　　　　图5-15 洗纱　　　　　　　图5-16 晾晒

③ 浆纱

最后一道工序是用山芍浆来浸泡纱线。通常农历二月和农历七月才有山芍，山芍一般生长在布满荆棘的山坡上，山芍上长着蔓藤状的小叶片，比较好辨识，煮纱需要的山芍是它的地下果实（图5-17）。将山芍去皮捣烂，放入大锅中，加一大锅水熬煮。将切片后的蜂糖（图5-18）与牛油放在小锅里煮，煮溶后，将其加入煮开的山芍液中。当水变得很滑很浓的时候，将滚烫的山芍浓浆舀出，倒入装有纱线的大盆中，搅拌纱线使其完全浸湿（图5-19）。放置5~6分钟，即可捞

图5-17 山芍

图5-18 蜂糖

图5-19 浸泡山芍浆的纱线

出晾晒了，晾晒时要把棉线抖散，抖掉上面附着的山芍渣。一般5kg纱线需要使用4kg山芍、2桶水、一碗蜂糖和牛油的混合物（蜂糖与牛油的质量比为2：1）。这样晒干的纱线，不仅白净、光滑，而且韧性强，避免织布时经常发生断线情况。

（二）绕纱工艺

绕纱的作用是把匝线绕在纱锭上，方便将纱锭装在跑纱机上，便于下一道工序的跑纱。

绕纱机结构十分简单，由两部分组合而成，分为绕纱架和绕纱机（图5-20）。

绕纱架是由一根竖直竹竿支架和一个圆柱形的石墩组成。将竹竿中部截面方向凿穿，形成两个呈十字形的孔洞，并插入两根竹片。竹竿上端竖直插入四根竹片，竹片的另一端，用尼龙绳与下面的十字形竹片对应的端头，连接在一起，形成一个立体柱面，并将棉线圈撑放于其上。石墩中心有圆孔，在圆孔里插了一根10cm左右的细竹竿，将绕纱架竹竿插入石墩上的细竹竿里，既可以固定住绕纱架竹竿的位置，也可以使绕纱架在石墩上自由转动。

图5-20 白裤瑶的绕纱机（左）和绕纱架（右）

图5-21 白裤瑶的绕纱机横梁

绕纱机则是由方形木架、长锭杆、转轮、摇杆组成。其中方形木架上的横梁工艺较为讲究，在横梁上挖槽，凿孔处安放一根长约40cm的细木棍，在木棍上穿入辊轮和纱锭（图5-21），辊轮和转轮之间用线绳连接，通过摇动转轮促使辊轮和纱锭转动，同时也带动了放置一旁的绕纱架转动，绕纱架上的纱线就绕到纱锭上了。

（三）跑纱工艺

跑纱一般也是集中在农闲的农历十月至十二月，是将纱锭上的线卷放在织布架上，再放到织机上的一个过程。

在跑纱的过程中存在着较多的禁忌。首先，跑纱要选择农历单日中吉利的天气好的日子；其次，在跑纱期间尽量不要和其他人说话，旁人也不能询问"完了没"之类的话，更不能随意走进跑纱阵中；最后，必须一次性跑完，不能中断，也不许吃饭，或者做其他与跑纱无关的事情。整个过程要一鼓作气，不可分心，禁忌人或动物打扰，一般有专人负责看守。他们认为这样可使所跑的纱线整齐不乱，在织造时结实不易绷断。

❶ 制作跑纱阵

跑纱阵一般为矩形，小型跑纱阵为单层矩形，大型跑纱阵为回旋的多层矩形。因此，跑纱需要一个较大的、空旷平坦的场地，一般为村寨的广场。小型跑纱阵一般需要 5 根木桩，2人即可完成（图5-22），首先需要在起点处打两根木桩，如点 A、B，沿起点形成一个矩形，在矩形的每个角分别打上木桩，跑纱阵即可形成。大型跑纱阵（图5-23、图5-24），需要 4～5 人协助完成。

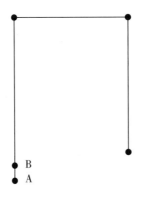

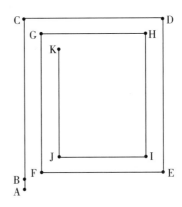

图5-22 小型跑纱阵　　　　　　图5-23 大型跑纱阵

图5-24 跑纱阵

　　5个人跑纱 AC 边用 5 根竹竿长度，4 个人跑纱 AC 边用 4 根竹竿长度。以 5 个人跑 10kg 纱线为例：（1）首先用一根长 2.5 ~ 3m 的竹竿开始测量长度；（2）从外围开始沿横向或竖向直线量出竹竿的 5 倍长 AC 边，在 C 点处用木槌将木桩（直径约 4cm，长约 130cm）扎入土里固定，其中在距 A 点 0.5m 的 B 点处再打入一木桩；（3）再直转约 90° 量出 4 倍竹竿长 CD 边，在 D 点处扎入木桩；（4）向内直转约 90° 量出 5 倍竹竿长 DE 边，在 E 点处扎入木桩；（5）再向内直转约 90° 量出 3.5 倍竹竿长 EF 边，在 F 点处扎入木桩；（6）再向内直转 90° 量出 3.5 倍竹竿长 FG 边，在 G 点处扎入木桩；（7）再向内直转 90° 量出 3 倍竹竿长 GH 边，在 H 点处扎入木桩；（8）再向内直转 90° 量出 3 倍竹竿长 HI 边，在 I 点处扎入木桩；（9）再向内直转 90° 量出 2.5 倍竹竿长 IJ 边，在 J 点处扎入木桩；（10）再向内直转 90° 量出 2 倍竹竿长 JK 边，在 K 点处扎入木桩。在这样一个回旋的大型跑纱阵中，回旋的内围长要确保短于外围长，以便给跑纱腾出合理的走动空间。

　　❷ 跑纱

　　跑纱前需要整理跑纱架，检查跑纱架是否完好。跑纱一般需要两个及两个以上的跑纱架（图5-25），跑纱架的具体数量取决于跑纱的人数。跑纱有着实际的分工，比如 3 个人跑纱，其中 2 个人拿跑纱架绕线，1 个人负责将线勾在铁箍上。把事先纺好的纱锭放在跑纱架上，一次能放 10 个纱锭。从这 10 个纱锭里抽出线头分别穿过后排相对应的圆孔，一起向外拉。一是为了检验纱锭能否在跑纱架上转动。二是将拉出来的线平均分成两组并打结，最后开始跑纱。

图 5-25 跑纱架

首先，将打结后的纱线套在起始点 K 点，然后跑纱人拿着跑纱架沿着跑纱阵由 K 点快速走到 A 点，当到达 A 点后，再分别单独把十股线在手上挽一圈，并将挽好的线圈套挂在 A 点木桩上，方便后面穿铁筘的工序，使 A 点与 B 点之间的纱线成交叉状，将纱线分为两层。接着按原路返回，将纱线绕过 K 点木桩即可，纱线在木桩上的排列顺序是由下及上放置。

跑纱一般是先从最里面开始，也可以从外面向里面跑，可多人一起跑纱，不断地来回交错绕线。同时必须要把棉线松紧适度地放在木桩上，棉线太松，会使棉线掉下来，太紧不利于后续的整理。在跑纱的过程中如果有断线的地方，直接找到断线头接起来即可，另外还需要有一个人不断地用细木棍拍打纱线，不能让跑纱阵上的棉线打结在一起。

一般 5kg 的棉线需要 2~3 个人跑纱，10kg 的棉线需要 3~4 个人，15kg 的棉线需要 5~6 个人，也可以视情况而定，适当增减人数和纱线重量。跑纱所需时间比较长，比如 3 个人跑 5kg 线，一般需要从早上 9 点开始持续到 13 点结束；5 个人跑 15kg 线从早上 9 点开始持续到 15 点才能结束，平均每个人要跑 2~3 公里。

❸ 穿筘

穿筘指的是将排列好的经线穿入竹筘的过程。竹筘是织机上的重要部件，其作用有很多，一是为了在织造时能把纬线推到织口，作梳经打纬之用；二是在织造时控制底经面经的开口；三是控制织物经纱密度和幅宽。

跑纱数圈后，会有 1 个人负责将 A 点木棍上的纱线，用线钩（图 5-26）按顺序固定在筘上。一只手将筘紧贴木桩，一只手用底部穿有麻绳的线钩穿过筘内小木片的间隙（图 5-27），把 A 点的每一根棉线依次拉到筘的另一边，直到完成。麻绳主要起到将纱线固定在筘上的作用（图 5-28）。

图5-26　线钩　　　　　　　　　　　图5-27　勾纱线　　　　　　　　　　图5-28　穿铁箸

④ 卷纱

　　将所有的纱线穿入箸后，撤掉A、B点木桩，用短木棍代替A点木桩（图5-29），抬起纱线，横放在卷纱架上（妇女在后腰上绑着一根扁担，将卷纱架固定在胸前，目的在于卷纱时拉动卷纱架）。然后将箸慢慢梳过交叉处，到达B点，再在A点与B点的两排线交叉处的两边各插入一根分层竹筒（图5-30），竹筒两头用绳索拴住定好，这是跑纱中最关键的部分。接着，就可以卷纱了。

图5-29　撤掉A点木桩，插入短木棍　　　图5-30　插入分层竹筒

　　在卷纱架的方形轴四边上，卡上竹片（图5-31），然后将梳好的纱线卷在卷纱架上，就这样一边梳理一边把铁箸、竹筒往前移并且加竹片卷线，直到把所有的纱线全部卷在卷纱架上（图5-32）。卷纱过程中加入竹片的作用是给卷纱架上的纱线分层，防止多层纱线合并。卷纱的过程中要不停的用梳子梳理纱线，木棍拍打纱线。梳纱、拍打纱线的目的是便于棉线均匀有序的排列，方便铁箸和竹筒缓慢前移，为卷纱做准备。同时也可以发现断开的棉线，及时接好，以防止出现断线情况。

图5-31 卷纱架 　　　　　　　　　　　　图5-32 背纱带

（四）织布工艺

该步骤需要两人，一人理纱线，一人穿综和箸。

综，提经的工具。综绳一般以粗棉线（现也有采用尼龙线）制成，制作前，线需浆煮，晾干后搓至光滑，使制出的综既结实又顺滑，综框则多为竹或木质。

箸，也叫纱梳，是打纬和定幅的工具。瑶族的箸一般为竹质，原料以中间无节的老竹子最佳，根据箸号的需要制成细竹齿。竹箸的外框上常常刻有短横的痕迹，用来标明箸可容纳的纱线股数，以确定幅宽（图5-33）。

图5-33 综（下面）和箸（上面）

在织布之前，需要把跑纱时的纱尾（打结绑在树桩上的部分）剪开，将纱线按照单、双的顺序分成上下两层，单数纱线放入一个综中，双数纱线放入另一个综中（图5-34）。综的作用是在织布时能更好的区分上下两排的纱线，按照综的尼龙线排列顺序依次将线穿过上下交叉点的圆圈（图5-35），一共有两组线综。穿过综后，就要穿筘了，由于筘有细密的齿，必须用线钩勾取纱线穿过筘，直到穿完为止（图5-36）。最后，再上下分层，期间可以抬高筘，看清楚纱线的位置，使上下能正确分开。将纱线尾部打活结，便于将纱线固定在卷布轴上（图5-37）。

图5-34　穿综

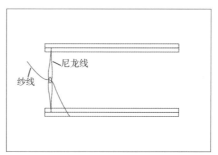

图5-35　穿综示意图

尼龙线
纱线

图5-36　穿筘综

图5-37　将经纱装在织布机上

综、筘都穿好后，将卷经轴安设在织机上，综、筘分别固定。综框上端与提综杆系紧，下与脚踏板相连。装在织布机上的纱线是经纱，将穿好的经纱分成若干缕系结在卷布轴上，同时调整经纱的张紧度。织造时依次踏动两块踏脚板带动综线，使得两组综线呈现上下交替状态，并在分离处形成开口。织造者将梭子（图5-38）从开口处穿过，就织入了一根纬纱，纱线上下交替，形成新的开口，又织入一根纬纱，就形成了最简单的平纹织物。当整个经纱组成的经面被纬纱交织以后，筘像一把大梳用力打入，使得经纱与纬纱更加紧密，依次循环往复。织

图5-38 梭子　　图5-39 白裤瑶织布机

造者在织布机前可以清晰的看到织出的布是否紧实平整，是否有断线，织造时，为了有效控制布幅的宽度，还要在布上加一根撑幅器，俗称边撑，边撑的长度为布面幅宽的1.5倍，两头尖利，可以将两头插入布边中，以起到控制幅宽的作用（图5-39）。

二、织花带工艺

瑶族花带分为两类：一类平纹花带，利用不同颜色的经线，织造出彩色条纹花带；另一类是经起花花带，最大的特点就是纹饰精美而丰富。

两种花带基本都采用原始的腰织机（也称踞织机）织造。腰织机没有机架，只有绑带、分绞棒、提综绳、布刀、卷经轴等简单工具。实际上，没有机架的腰织机虽简单，却能完成基本的纺织步骤如送经、开口、引纬、打纬等，织花时仅通过小型的竹布刀挑经。可以说，它是所有织机类型之母。因此，瑶族花带的织造是"以腰代机"：瑶女只要将卷布轴用腰带绑在腰部，再将经头绑在任意处（比如门栓、柱子、树干等位置）即可开始织造（图5-40～图5-43），花带织造方式简单、工具轻巧，可随时随地进行，因而织花带在各个瑶族支系中都还存在。

图5-40 盘瑶织花带

图5-41 茶山瑶织花带

图5-42 山子瑶织花带

图5-43 红瑶织花带

（一）平纹花带的织造工艺

平纹花带在瑶族中比较常见，如红瑶、茶山瑶、山子瑶和蓝靛瑶等瑶族支系普遍使用平纹花带，虽然各支系工艺细节稍有差异，但原理基本相同。本部分以红瑶的织花带工艺为例进行讲解。

1 牵线

从牵线上可以看出，红瑶就地取材，在房子的木围栏上直接绑两根木棍就开始牵线，一般要牵243根左右的纱线（图5-44～图5-46），根据织花带者的喜

图5-44 红瑶牵线

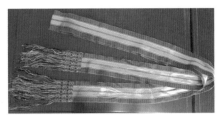

图5-45　红瑶牵线局部图　　　　　　　　　　　　图5-46　红瑶花带

好，可以采用红、绿、白、黑、蓝等多色相间排经线，也可选其中一、两种或多种排列，才能织出红瑶宽约6.6cm（2寸），长2.5m（7.5尺）的彩色条状美丽花带。

❷ 插入固幅杆

将牵好的经纱，一头用小木棍穿套，并用布条或绳子系扎，以便织造时，将其固定在树干、栏杆等地方（图5-47）。另一头用卷布轴（图5-48）将经纱卷入其中（图5-49），并用缚腰带绑在织花带人的腰上（图5-50）。这时需要在经纱中插入固幅杆（图5-51），固幅杆一般为筷子粗细的光滑竹棍，每根经纱按照相同的方向在固幅杆上卷一圈，就可固定花带的幅宽，还可根据织造需要，前、后滑动。

图5-47　经纱的一端固定在树上　　　　　　　图5-48　卷布轴正面、背面结构图

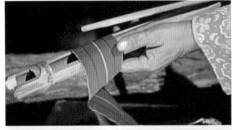
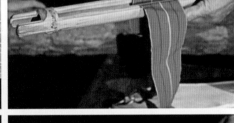

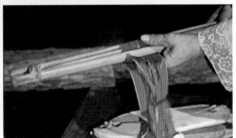

图5-49　卷布轴卷布过程

图5-50 固定卷布轴的缚腰带

图5-51 固定幅宽的"固幅杆"

❸ 做综线

　　红瑶花带的综线与盘瑶有所不同，盘瑶只做上层经纱的综线，而红瑶所有经纱都有综线相连。红瑶按单数纱为一组做一列综线，按双数纱为一组做一列综线，并将两列综线在中间连接，形成拉手（图5-52）。

图5-52 做好的综线

❹ 织花带

　　当提拉单数纱的综线时，单数纱在上，双数纱在下，形成开口（图5-53），并将打纬刀竖起，辅助形成"开口"（图5-54），用最简易的筷子状梭子（图5-55）穿过开口，形成纬纱，并用打纬刀打紧纬纱。这时再提拉双数纱的综线，双数纱在上，单数纱在下，形成反向开口，继续穿纬纱，这样循环就形成了红瑶漂亮的花带主体部分（图5-56）。

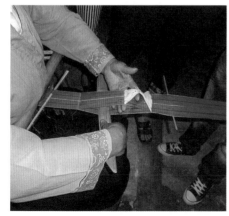

图5-53 提拉后部综线形成"开口"

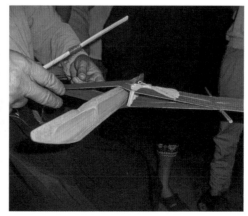

图5-54 将打纬刀竖起，辅助形成"开口"

图5-55 最原始的筷子状"梭子"

图5-56 织好的部分花带

⑤ 编花头

    花带的主体部分织完后，在接近两端的位置用手针穿入七彩丝线，编织图案。一端用布条固定在编织者本人的腿上（图5-57），需要编织的另一端，每次取三根（图5-58），中间一根固定在编织者本人的上衣纽扣上（图5-59），其他两根围绕中间的那根打花结。经过最短10天时间耐心细致的编织，一条美丽的花带才能最终编成（图5-60）。

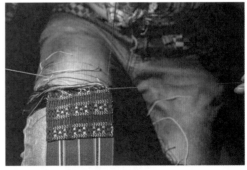

图5-57 将花带的一端用布条固定在编织者的腿上

图5-58 每次取三根绳进行编结

图5-59 将需要编织的三根绳中间一根的另一端固定在编织者上衣的纽扣上

图5-60 完成的美丽花结

（二）经起花花带的织造工艺

1 盘瑶织花带工艺

（1）牵线：花带牵线的目的同织布时的跑纱相同，也是将经线按一定规律排列整齐、卷在卷经轴上的过程。

打固线桩：首先，准备好2根直径约3.3cm（1寸），长约66.7cm（2尺）的圆木棍，1根分经筒和1根夹棍（木棍竖直从中间劈开，可以将线夹在中间）。其次，根据所牵线的长度［一般为约2m（6尺）］，将夹棍、木棍和分经筒垂直插入地上，夹棍与第2根木棍的间距为约2m（6尺），分经筒一般位于夹棍和第2根木棍的中间位置（图5-61、图5-62）。

牵线：牵线前需先准备好几支不同颜色的纱锭（如红、绿、黄、黑、橘色等），将纱线留出0.5m，夹入夹棍中，从第1根棍后方，向左牵线，在分经筒前方绕一圈，继续向前，绕过第2根木棍后，向右牵线，从分经筒后方绕一圈，继续向右牵线，在第1根木棍前方通过，夹入夹棍中。上下2根线在分经筒上互为反方向缠绕，其目的是将线按照需要直接分层，一些线在分经筒的上方，一些线在分经筒的下方（图5-63）。

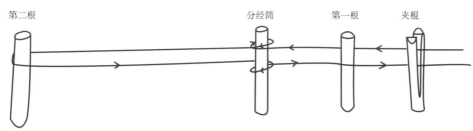

第二根　　　　　　　　　　　　分经筒　　　第一根　　　夹棍

图5-61　盘瑶牵纱示意图

图5-62　盘瑶牵纱实物图

图5-63　盘瑶牵纱夹棍图

　　盘瑶的花带，根据个人喜好，宽窄略有不同（图5-64），一般而言需牵455根经线。牵红、绿、橘、黄经时，红色4根上、4根下，其他3种颜色2根上、2根下。牵黑经时，黑色8根经线都在上方，下方牵一根黄经。按照这种牵线方式，将所有线牵好后，线的排列如下：

　　上层336根线，从左至右的分别为4红、2绿、2红、2橘、2红、2黄、2红、2橘、4红、8黑、8黑、8黑、8黑、4红、2橘、2红、2黄、2红、2橘、2红、2绿、4红、8黑、8黑、8黑、8黑、8黑、8黑、8黑、8黑、8黑、8黑、8黑、8黑、8黑、8黑、8黑、8黑、8黑、8黑、8黑、8黑、8黑、8黑、4红、2橘、2红、2黄、2红、2绿、2红、2黄、4红、8黑、8黑、8黑、8黑、4红、2黄、2红、2黄、2红、2黄、2红、2绿、4红。

　　下层119根线，从左至右的分别为4红、2绿、2红、2橘、2红、2黄、2红、2橘、4红、1黄、1黄、1黄、1黄、4红、2橘、2红、2黄、2红、2橘、2红、2绿、4红、1黄、1黄、1黄、1黄、1黄、1黄、1黄、1黄、1黄、1黄、1黄、1黄、1黄、1黄、1黄、1黄、1黄、1黄、1黄、1黄、1黄、4红、2橘、2红、2黄、2红、2绿、2红、2黄、4红、1黄、1黄、1黄、1黄、4红、2黄、2红、2黄、2红、2黄、2红、2绿、4红（图5-65）。

　　（2）做综线：在牵绕完所有的纱线后，将纱线从夹棍上取下，并用一根20cm长的短夹棍，夹住经纱，在避免经纱错乱的同时，也作为卷经轴使用。将缠绕在

图5-64　盘瑶花带　　　　图5-65　盘瑶花带纱线排列

第2根木棍上的经纱用粗线捆绑后，取下绑在门栓上，有卷经轴的一头绑在织花带人的腰间。织造前，需在纱线中装入综线以便织造时提经穿纬。综丝一般选用坚韧的尼龙线或多股涤纶线。由于盘瑶的花带在牵线时，已经将经线分为了上、下两层，所以，穿综者只需把综线从右至左穿入经面开口，再从最左边的红色经线开始，一根一根地挑起开口中的综线，这样每根经线都有综线提起（图5-66）。这里特别需要注意的是：盘瑶的综线仅仅只穿了上层经纱，下层没有穿综线。最后，将一根涤纶线穿进综环并打结（图5-67），用于提起综线。

图5-66　穿综线

图5-67　穿好的综线

（3）打花：在还未穿纬的情况下，织花带者会反复提综变换底经和面经，梳理经纱的开口，并用宝剑形布刀穿打，并加入矩形竹条，一般会插入10多根竹条，以控制花带的幅宽。

织花带时，先织入7根红色纬纱（约2cm）的平纹，这时将长约66.6cm（约2尺）的红色纱线4根为一束对折后，经纱4根为一组，穿套编入一束一束红色的纱线（图5-68），作为盘瑶花带的流苏。瑶族花带的织造是以布刀挑起"双经"起花（图5-69），其步骤是：右手用布刀根据花型需要挑出经线立起，再用分经棍（形似筷子）插入分经（图5-70），同时左手提起综线，用布刀轻轻敲打经线，使其很好的分层，出现开口后，将纬纱穿过，并迅速用布刀打纬。织出的花型完全取决于织者用布刀的挑线起花。其中，提综的动作较为讲究，需要提着综线前后移动，布刀也要立着前后按压、梳理经线，才能让开口尽量清晰。同时，瑶族花带打花时，需要左右手配合熟练，清楚地进行提综、布刀穿口、打纬等步骤。

图5-68 编入流苏

图5-69 "双经"起花

图5-70 布刀立起插入分经棍

2 平地瑶织花带工艺

平地瑶花带也与盘瑶相同，属于"双经"起花织物，其经线为彩色，通常是3～7种颜色，每种颜色2双、3双、4双纱皆可。平地瑶织花带工艺流程与盘瑶相同：牵线—做综—打花。

（1）牵线：牵线与盘瑶、红瑶的相同点：将经线按一定规律排列整齐，卷在卷经轴上。不同点在于使用牵线工具的不同：平地瑶花带的牵线主要是依靠板凳的凳沿来排绕纱线，按照颜色的排列顺序以及花带的幅宽，依次将平纹带、显花纹饰带的纱线排好（图5-71）。

以"21双纱"的"八宝带"为例，其牵线流程如下：

首先应准备工具：1张长板凳、几支不同颜色的纱锭（如红、白、蓝、紫等）、竹制布刀、分绞棒、卷经轴（花带中所用的卷经轴和分绞棒皆为细竹棒），再将分绞棒、布刀平放在板凳上。

扯出1种颜色纱锭的1根纱线头绑在长板凳的左凳脚，作为扎经头（图5-72），花带经线上所有颜色的纱线都从这里起始。再手拿纱锭从板凳左沿开始绕线：绕第1圈时，纱线须向上对分绞棒绕圈、再向下绕过布刀，最后绕回板凳左沿；绕

图5-71 平地瑶利用板凳进行花带的牵线

图5-72 平地瑶花带牵线扎经头

第2圈时，纱线向下对分绞棒绕圈、向上绕过布刀（图5-73）。如此循环，连续牵绕几圈后，纱线在分绞棒和布刀上形成了1上1下交织的"开口"（图5-74）。在这个过程中，牵的平纹彩经，每种颜色必须牵双纱，按照1根上1根下的方式牵绕；而显花纹饰带的牵法则稍有变化：向上牵绕1根白经后，再向下牵绕2根色经，即前1根白经的围绕方向与后1双的色经相反。直到牵满"21双色纱"（或其他预设的起花双数）即将显花纹饰带的经线牵完，并且异色的底经、面经也已泾渭分明（图5-75）。平地瑶花带这种起花方式是典型的"双经"起花。

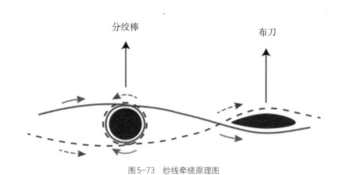

图5-73 纱线牵绕原理图

图5-74 花带交口　　　　　　　　　　　　　　图5-75 "双经"起花

（2）做综：在牵绕完所有的纱线后，须将纱线穿入综线，以便织造时提经穿纬。综丝也选用坚韧的尼龙线，在穿综前，应将布刀立起，形成白经在上的开口，方便操作者穿入综线。穿综的具体做法是：操作者半蹲在板凳旁，先把综线从右至左穿入经面开口，再从最左边的白经开始，一根一根地挑起开口中的综线，这样每根经线都有综线提起（图5-76）直到所有经线都已穿完综线，将一根彩色麻线穿进综环并打结（图5-77），用于提起综线。再将一根细绳穿入分绞棒内，在经面上打结，这是为了稳定在织造时晃动的分绞棒。

图5-76 将综丝穿入白色经纱中　　　　　　　　　　　　图5-77 彩色麻线将综丝打结

综线全部穿完后，再取一截较长的竹棍，插入两层经面之间作为卷经轴。至此，便可以将套在板凳上的经线取下了。取下时，应拿稳插入其中的布刀和经轴以及分绞棒，以防掉落。

（3）打花：取下经线后，选一处便于捆绑的位置，将一头绑住，作为经尾；另一头插有竹棍经轴，则用一根绳子将经轴和织造者腰部绑在一起，作为经头。在还未穿纬的情况下，织者要反复提综变换底经和面经，并用布刀穿打，梳理经纱的开口是否顺畅。上好纬线后，先织造2cm左右的平纹，再在带头横向插入一束一束的各色纱线（或者毛线）（图 5-78）。这种方式与盘瑶相同也是传统瑶族花带的特有做法，而在苗族、侗族、土家族等其他民族的花带上这种装饰则并不常见。

平地瑶花带的织造是以布刀挑起"双经"起花（图5-79），但具体步骤与盘瑶略有不同：当彩经在上时，右手用布刀一双一双地挑出经线立起，再用左手拇指勾住，同时左手提起综线使白经上浮，使白经与显花彩经处于同一平面，开口出现；此时再迅速将布刀插入开口，向下移动至织口，左手将纬线套在布刀上，

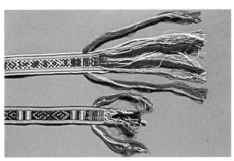

图5-78 瑶族花带带头横向织入的彩色纱　　　　　图5-79 布刀挑双经

右手用布刀带出纬线，是为穿纬，再用布刀打纬；左手再次提综使彩经浮上，开口插入布刀上下滑动并向下打纬，此时纬线被彩经紧紧包住，不露于表面。这是一个打花步骤，其中，提综的动作较为讲究，得提着综线前后移动，布刀也要立着前后按压、梳理经线，才能让开口尽量清晰。同时，瑶族花带打花时，需要左右手配合熟练，清楚地进行提综、布刀穿口、打纬等步骤。

瑶族织花带技艺，有简单的平纹织物，也有较复杂的"双经"起花织物。"双经"起花织物是挑双经起花的异色底经与面经的交换过程，这与瑶锦的起花原理是完全一致的。

三、织瑶锦工艺

织锦指用彩色经、纬线，经提花、织造工艺，织出色彩斑斓图案的织物。瑶锦色彩斑斓，有鲜明的民族特色。瑶锦有经起花和纬起花两种，也叫经锦和纬锦。经锦是用两组或两组以上不同颜色的经线同一组纬线交织，依靠异色的底经、面经交织的原理显花，因此牵经线时，需要特别注意每种颜色需要的经线数量，以免织出的花形不符合特定的需要，平地瑶织锦属于经锦（图5-80）。纬锦就是用纬纱在布面上显现花纹的织物，红瑶的织锦属于纬锦（图5-81）。

图5-80　平地瑶织锦"八宝被"

图5-81　红瑶织锦

（一）纬锦的织造工艺

纬锦的织造工艺以红瑶的织锦最有代表性，由于是纬纱在布面上显花的织物，因此，其牵经、穿筘及穿综线工艺与织布机完全相同。在此不再赘述。

① 红瑶的织锦工艺

红瑶的织锦机与织布机最大的不同在于：（1）经线的层数；（2）是否有挑花杆。织布机的经线一般分为两层，而织锦机的经线至少分为三层：首先由粗的分经棍1分成两层（图5-82），再用细的分经棍2、3将分好的第一层再分成两层（图5-83）。通过提综杆的提拉开口，使3层经纱往返出现在最上层（图5-84），并在最上层用挑花杆（挑花杆一头为圆的，一头为扁的，扁的那头用来挑花）挑出需要的花型（图5-85），采用"通经断纬"的方法，让各色的纬线穿过，得到计划好的花纹。

织造时，根据纬纱颜色的不同，有多个纬纱棒。第一纬织平纹地，利用分经棍形成的自然开口，引纬打纬。第二、第三、第四、第五纬起花。织完第一纬后，依次踩动踏杆，花综受力牵动，将面经拉下来变成底经，从而形成第二、第三、第四、第五次开口，引花纬后进行打纬。第六纬与第一纬一样织平纹地，其余类推。这样五纬一组，不断往复循环。卷布和送经是人工调节的，织到一定程度时便转动齿状卷经轴，放出一段经纱，同时亦卷取一段织锦。其他的编织方法同织布机（图5-86），都是提综，形成梭口，穿梭子，用打纬刀打纬（图5-87）。

图5-82　用粗分经棍将经纱分成两层

图5-83　用细分经棍将分开的第一层再分成两层

图5-84　通过提综杆的提拉开口，使3层经纱往返出现在最上层　图5-85　桂林龙胜红瑶女子用挑花杆挑花型

图5-86　与织布机相同的提综装置

图5-87　广西桂林红瑶织锦机

❷ 红瑶织锦的图案纹样

红瑶织锦上的各种纹样是其织锦技艺的外在表现形式，心灵手巧的红瑶女子把各式繁杂的纹样融汇到织锦中。红瑶织锦一般采用方形、菱形、三角形等几何构图形式，将大自然中的花草树木、飞禽走兽等转化为纹样织入其中，形成二方、四方连续图案，不仅具有象征意味，而且极富韵律。

（1）植物纹样：红瑶以农耕稻作为生，其主要的农作物是水稻。红瑶人把水稻抽象成稻穗纹样，并借此表达他们期待年年丰收的美好愿望。稻穗纹样在一定程度上反映红瑶农耕经济的意识形态。其次是花的纹样，以桂花和八角花使用最为广泛，象征花香人美，生活幸福美满（图5-88、图5-89）。

图5-88　菱形二方连续的桂花纹样

图5-89　八角花纹样

（2）动物纹样：动物纹样出现最多的是关于鸟的纹样，如凤凰（图5-90）、勾头鸟（图5-91）、雄鸡纹样，这些纹样寓有吉祥如意、大吉大利之意。其次是蜘蛛纹样（图5-92），蜘蛛因为擅长吐丝结网，被勤劳的瑶家人认作外婆，在服装上织入蜘蛛纹表现了瑶家女对纺织能手的钦佩和重视。此外，羊的纹样也在织锦中常见，羊是最早驯化的牲畜之一，羊给人们带来富足，有羊，就是丰衣足食的象征，羊还是"美"与"善"的象征，体现的就是善良、美好与品性高洁。还有人形纹（图5-93），可以帮主人挡灾除祸。

图5-90 凤凰纹样　　　图5-91 勾头鸟纹样　　　图5-92 蜘蛛纹样　　　图5-93 人形纹样

（3）几何纹样：最常见的有"卍"字纹。"卍"是佛教的吉祥纹样，昭示着"永生""轮回""吉祥如意"的象征寓意。红瑶妇女把这一纹样引入到红瑶织锦中，可以在驱鬼求福保佑平安的同时，表达他们对吉祥美好生活的憧憬与向往。在红瑶织锦工艺品中的"卍"字纹样会单个出现的，用以点缀或衔接其他动植物纹样；也有连续成排重复出现，这样的排列组合多出现在织品的边角，起到构型的作用。

菱形纹在红瑶织锦中也出现较多，且大小不一，功能各异。大的菱形纹一般是用白线钩织，形成框架，在此菱形框架中再织入单独一个或一组动植物纹样，形成精美的纹样单元，这样的纹样群也一般是左右对称的。小的菱形纹经过组合（一般是重复排列的形式），出现在织品的不同位置，作用也不相同。在边角出现的菱形纹一般是有收边的作用，会搭配各色彩线织出一长条的菱形纹，装饰织品。菱形纹搭配别的动植物纹案，一般是为了区分一个个富有寓意的纹样单元，使其一目了然。菱形纹在织品中主要有区分图群的作用。

梯田纹的出现很大程度上是源自于红瑶的生产生活环境，龙胜红瑶主要从事农耕稻作，勤劳的红瑶人民在一座座山腰上开垦出一亩亩的梯田，形成了具有本民族特色的梯田稻作文明。而梯田纹的出现无疑是这一梯田稻作文明的缩影，充分表达了红瑶人对龙胜梯田的喜爱与感恩之情。梯田纹通常不会以单个的形式出现在织品上，大多数时候是重复连续出现（图5-94）。

　　桥形纹一般出现在织品的边角位置。红瑶人生活在大山里，山间的小溪小河间隔了各个寨子，人们在这些小溪小河上筑起了一座座简便的小木桥，方便红瑶人的生产劳动和出行，也促进了红瑶各个寨子间的交流，因此，桥对于红瑶人民便有了一层特殊的意义，桥形纹便应运而生。

　　八角纹是织锦红瑶几何纹样中最富表现力的一种纹样之一，表达了红瑶人民希望避免灾害的愿望，祈求风调雨顺。具体红瑶织锦细节，如图5-95、图5-96所示。

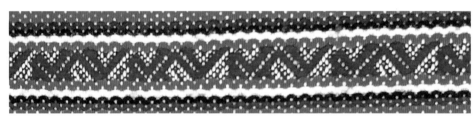

图5-94　梯田纹样

图5-95　红瑶织锦细节（1）

图5-96　红瑶织锦细节（2）

（二）经锦的织造工艺

平地瑶织锦是典型的经锦织物。经锦是经起花织物，因此牵经线时，需要特别注意每种颜色需要的经线数量，以免织出的花形达不到预想的效果。以湖南江华平地瑶彩色织锦"八宝被"为例。

❶ 牵经

作为经线起花的平地瑶织锦而言，牵经尤为关键，并且相对复杂。因为，牵经时彩色经线的排列顺序，就决定了织锦的颜色顺序，在上机织造时无法更改；平地瑶织锦的图案形式为彩条并列，织造时依靠异色的底经、面经交织的原理显花，所以在牵经之前，织造者就应计算好每种颜色需要的经线数目。牵引时若稍有失误，则是失之毫厘，差之千里。可以说，牵经，尤其是经锦的牵经工序不仅规定着织锦的幅宽与长短，从某种程度上看，也决定着后期织造部分的成败与否。

（1）装配经具：导线架：平地瑶所用的导线架与白裤瑶的跑纱架相同，是竖立型的长方形木架，高约150cm，宽约50cm。其后部的三根木柱间插有数十排等距离的、可拆卸的铁丝或细木棍，用来分装不同颜色的、已经纺好的纱锭；与之相对应的，经架前面的两根木柱上，则有数十个等距离小孔，用来导出不同颜色的纱线。

导线架上彩色纱锭数目与瑶族织锦彩经数目息息相关。传统的一匹八宝被锦，图案组织一般为四条显花彩经，在每条显花彩经的左右各夹织5条不显花的经向彩条。而在瑶乡，单幅八宝被锦规格通常有"21双纱""25双纱""29双纱"等，指的是一条显花彩经的经线数目，不显花彩条的数目则没有具体规定。以"21双纱"的八宝被为例：四条显花彩经，每条色经为"21双纱"，白经也为"21双纱"；显花彩经中间夹织5条不显花经向彩条，一般每条为"2双纱"。牵经时，为了方便手数取整，每种颜色需在导线架上安插7个色纱锭，同时配以7个白纱锭（所以只需牵3手即可牵满21双），如此计算下来，单幅的四种颜色的八宝被面，至少需要35个以上的纱锭。

值得提及的是，八宝被的花纹呈对称性，因此显花彩经的数目一般为奇数，在瑶乡，几乎没出现过如"22双纱""24双纱"等偶数幅宽的八宝被锦。同时随着时代的发展，相较于七八十年代流行的"21双纱"，近十年来，民间对于八宝被的幅宽以及颜色的革新大有进步，逐渐出现了如"61双纱""81双纱"等较大幅宽的八宝被，单幅的八宝被也不再限于四条显花彩经了；甚至在织花颜色上，底经、面经也打破了单一的"面色底白"的法则，能做到底经、面经皆为不同的彩色，如面经红色，底经蓝色等搭配，因此纹样颜色也丰富起来了。然而这些复杂的变化相应地影响着牵经的变化，对工具和牵经人的技术颇有要求。

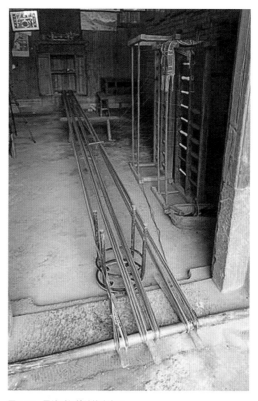

图5-97 平地瑶织锦地桩式牵经

地桩：将导线架安置好后，在地面还需放置数支"地桩"用以缠绕和排列从导线架中牵出的经线。瑶族织锦的"地桩"可以是木桩也可是板凳脚甚至是木片。瑶族民间织锦牵经时往往就地取材，凡是能将经线缠绕的器物皆可用，因此，他们牵经地点一般选在室内，因为需要依靠门槛和墙壁作为地桩的支撑（图5-97）。

（2）牵经绕桩：传统的单幅八宝被，色彩排列为四条显花彩经，在每条显花彩经之间夹织五条不显花的经向彩条。因此，按照从左至右的顺序，须先牵不显花的平纹经向彩条，再牵显花彩经的部分（如黑、绿、红、蓝）。在牵显花彩经的部分时，需一同牵出同样数量的白色经线，即彩色经线与白色经线的数量对半。以"21双纱"的八宝被为例，牵第一手经线时，先将线头绑在第一个地桩上，俗称"扎经头"。牵经时将两色经线同时牵出，一次性从经架中抽出的14根纱线（7根色纱，7根白纱）就称之为"一手"。一条显花彩经需牵3手，每手"7双纱"，即"21双纱"。加上同等数量的白纱，计算出四种颜色的显花彩经共牵出336根经线，再加上数十条不显花的彩条，牵出单幅（即"一桶"）的八宝被面至少需要656根经线。

牵经绕桩的过程是，将经线头拉出扎在G桩上，将经线绕过F、E、D三桩后，从C桩后方绕到B桩前方，再绕至A桩后方，经过A桩前方，绕过B桩后方，及C桩前方，并绕过D、E、F、G四桩后完成一个回合的牵经（图5-98）。

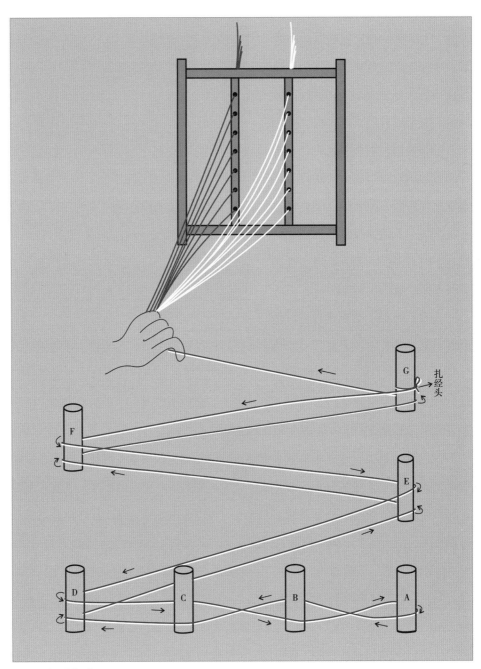

图5-98 牵经绕桩示意图

（3）接经套经：由于八宝被是显花彩经，因此牵经时，必须将显花部分的色经与白经分开，在显花部位还需将色经与白经互换，即将色经与白经剪断，将色经结于白经，白经结于色经，重新打结相接、套桩，之后反复此过程。但牵不显花的平纹彩经则无需剪断，按正常步骤牵经即可。

接经套经的具体做法是：挽经后，先将经线套进A桩中，再将这一手14根经线即7根彩经与7根白经在经线交叉口前剪断，然后按照顺序逐根互换对接，即色经结于白经，白经结于色经。其间，需两人合作，一人在一端打结经线，一人扯住另一端并交替递上经线（图5-99）。直到所有的经线都已交结完毕后，适当地前后移动经线，把打结的部分移出挽经时形成的交叉口，此为"接经"；然后，将这一手经线翻转，将其套入倒数三个地桩中，此为"套经"。之后随着所牵经线的增加，在地桩上逐渐能看到八宝被锦的彩经排列顺序（如黑、绿、红、蓝）几种颜色间隔清楚，彩经和白经一目了然（图5-100）。瑶锦的颜色与排列顺序，在牵经时就已经固定，上织机织造时是无法改变的。

接经套经的步骤，是瑶族织锦牵经流程中的核心，也是八宝被是否能成功起色、织花的关键。在此步骤中需要牵经人时刻分清剪经和不剪经部位，以及接经的经线色彩。

（4）拆卷经线：所有经线牵引完毕后，需把经线从地桩上拆解，并慢慢地卷成一个巨大的线球。拆解之前，在经头处，应将两根较粗的白线穿入彩经与白经的开口，以保持牵经时分好的交叉口，也便于经线上机时从开口处套入经轴和分经棒等部件。然后牵经人从经头处抓住经线进行折叠，再按照卷线球的方式，将经线卷成一个大线团（图5-101）。

图5-99　接经图　　图5-100　拉好的彩经　　图5-101　卷好的经线团

② 穿筘

平地瑶八宝被织锦的穿筘与白裤瑶的不同，白裤瑶是在牵经时就将经线穿入竹筘，而平地瑶的穿筘工作是在牵经之后进行，并且是在织机的机架上完成的。

穿筘的具体做法为：先将经线摊在织机机架上，再将竹筘横放在卷经轴上，此时一人站在竹筘的一面，用铁钩针穿入筘眼；另一人则从对面将经线一根一根地挂在铁钩针上；对面的人再抽出钩针。如此一挂一钩直到将每一个筘眼都穿入一根经线为止。穿筘是较为精细的步骤，马虎不得。将经线穿入竹筘之后，底经与面经的自然开口就完全成形，此时将卷经板插入经头中并套卡在卷经轴上，经线也就由此套在织机上并进行卷经了。

③ 卷经

平地瑶卷经方式与白裤瑶卷纱较为相似。共需要两个人，一人在一头梳经，一人在另一头经轴上卷经。梳经人一边要使用竹筘和木质经梳认真梳理经线，一边拉着分经棒和提综杆推动经线开口不断移动，将彩色的面经梳理出来；站在机头的卷经人则要匀速匀力地卷动经轴，每卷到一段长度时便将长竹片插进其中，目的是绷紧和固定经线之用，同时分散了每层经面之间的压力，让经线不至于混乱缠绕。

④ 结经

经线完全卷在织机上后，则要对经线装入"综丝"，目的是为了织造时用综丝提起经线，将经线分层形成开口，以便穿梭入纬。综线一般选用坚韧的尼龙线。挑结综线几乎与穿筘同样复杂，也是将经线按数目穿入综丝，需要一定的耐心。挑结综线这个步骤主要分为三步：（1）挑综：需使用到特制的Y形竹综杆（图5-102）。综线通过开口，将综丝一根根挑入白色经线（图5-103），而彩色经线则无须挑穿，因此综线的数量是经丝总量的一半。（2）结综：综丝挑至一定数量，须从挑成的综环中穿入一条结实的粗绳，将这部分综丝打结，这是为了避免综环在织造过程中的错位。然后再挑一定数量的综丝，进行打结，如此反复直到挑完所有综线。（3）装入提综杆：在挑完综丝之后，将竹综杆的Y形开口合拢。再将提综杆套入综环中。提综杆在综环上方作提综之用，竹综杆在综环下作压经之用。

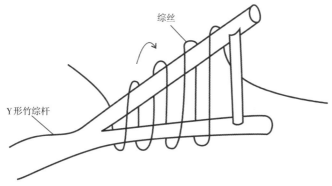

图5-102 Y形竹综杆

图5-103 挑综

挑结综线结束后，则要将提综的摇臂、压经棒、挂筘的摇臂、布刀、卷布轴等一些剩余的织机部件逐一安装。

❺ 织造

作为经花织物的八宝被，在织造中主要依靠经线来起色，经纬交织形成花纹，同时经线则完全包裹住纬线。因此经线显现的花纹如颗粒般凸起，是八宝被织锦的显著特征。

（1）色经分层：在织花之前，先织一段2~3cm的平纹。此时还不能直接用竹扞挑花，需将起花部分的彩经分成两层，为的是挑花时方便织女数经，即用竹扞两根一挑地间隔开彩经，分成奇数、偶数两层，从中放入一块薄竹板移动至压经棒之后，织花时将薄竹板从压经棒下滑过，使其置于综框之前。将竹板竖立起来则能清晰地分开奇数层与偶数层，十分便于制造者看清彩色经线。

（2）竹扦挑花：在织机的初始状态下，以一道织花为例，说明织花步骤。第一步：彩色经线在上，织造者将根据纹样，用竹扦一双一双地挑出需要显花的经线。第二步：推动竹箅打紧竹扦，梳至综线处，同时脚踩踏板，与踏板相连的压经棒把上层彩色经线往下压，与压经棒相连的综丝提起下层的白色经线使其上升。在这一压一提中，使得经线的开口比较清晰。第三步：推动竹扦挑出显花经线推至竹箅前，使得显花经线与白色经线处于同一经面。第四步：此时经线已形成开口，插入布刀打紧并立在开口内，使开口扩大，再穿梭打入底纬线。第五步：抽出布刀，推动竹箅梳经并将竹扦退回原位，同时放松踏板使彩色经线上浮，织机恢复到初始状态。此时，才算完成一道织花的步骤。

在织花步骤的第三步中，由于将竹扦所挑的显花经线推在了上层经面，保留了纹样信息如同"挑花"一般，因而在第五步的上下经面交换时，显花经线包住纬线并浮于竹扦之上。随着织造的推进，竹扦会留在织物中（图5-104），这样做的目的是为了稳定织物的紧致程度，若一边织造一边抽出竹扦则会使织物松散无形。将织锦织到约五六十厘米时，可以将竹扦抽出而纹样不变，还原织锦的本貌。

图5-104 竹扦

或者将竹扦一直留在织品中，直到需要将其制成被面时才抽掉。另外，有的织女会制作一包装有茶籽的棉布袋子，织造时偶尔用其擦拭竹箱，让茶油作润滑剂使竹箱在滑动时更顺畅。

平地瑶织锦为典型的经锦，在织花的过程中，不仅可以清楚地看见异色的底经和面经上下交换的过程，也能看见竹扦挑出一双双经线，形成的一个个凸出的色点，纹样清晰可辨，非常有特色。

第六章

染色工艺

第一节 靛蓝染色工艺

靛蓝染色是广西少数民族传统的染色方法之一，也是最常用的染色方法。

一、靛蓝染色原理

在秦汉之前，用蓝草发酵制靛、还原染色的技术还未被掌握。当时采用以浸揉直接染色为主的染色技术，将蓝草的叶与染物一同揉搓，将蓝草汁揉出，以浸染织物。而蓝草中的菘蓝在碱性（石灰、草木灰）溶液中，其所含的菘蓝苷会被水解，游离出吲哚醇而吸附于纤维上，在空气中即被氧化为靛蓝，染得蓝青色。而蓼蓝、马蓝等其他蓝草中所含有的靛苷，必须经过长时间发酵，在糖酶和稀酸的作用下，才能水解游离出吲羟，转化为靛蓝。因此，古代早期的制靛技术仅限于用碱水浸泡菘蓝来获取靛质，而蓼蓝等蓝草是用浸揉直接染色，只能染得青碧色。

还原染色是因为靛蓝本身不溶于水和酸、碱介质，须将其还原成靛白，靛白在碱性溶液中上染于纤维，再经氧化恢复成靛蓝，而固着在纤维上。如此反复多次，就能染得较深牢的蓝青色。明代《天工开物》中记有"凡靛入缸，必须用稻草灰水先和，每日手执竹棍搅动，为可计数。"

二、基本工艺流程

靛蓝 —（还原剂 / 氢气（H₂））→ 靛白隐色酸 —（碱剂 / 草木灰）→ 靛白隐色盐 —（坯布）→ 染色 —（空气 / 氧气（O₂））→ 蓝（青）色布

染色前，先在靛蓝的染缸中加入稻灰水，使其具有碱性。每日用竹棍不断搅动，以加速发酵。数日后，靛蓝被还原成靛白隐色酸，在碱溶液中转变为可溶性的靛白隐色盐。然后把坯布放在还原染液中进行浸染，染液为室温或微温，靛白隐色盐被纤维吸附后，将染物进行透风，经空气中氧化作用呈蓝青色，再经水洗即成。按上述染色方法，常需经多次浸染。在两次浸染之间，要在空气中氧化，晾干后，再进行后一次浸染。一般浅色浸染2~3次，深色则需7~8次或更多次，浸染次数的由少至多可获得浅青色至较深较牢的蓝青色。

配制靛蓝发酵缸时，要经常搅动产生水泡，使空气与水的接触面积增大，有利于氧气溶解，加速染液内细菌繁殖，使发酵完全，由氢化酶分解氢气，靛蓝被还原成靛白。

为了控制好靛蓝染液的发酵过程和缩短发酵时间，可利用草木植物的根茎浸泡液、米糠等制得的发酵液或酒糟等来促进发酵过程充分还原。根据生物化学原理，这类根茎浸泡混合液能吸收空气中的微生物，由微生物繁殖而引起发酵。而酒糟是已经蒸馏的制酒残渣，内含丰富的微生物以及微生物所需养料——淀粉质和蛋白质等。所以，掌握好发酵混合液或酒糟的加入量并进行定时添加，在适当的气温条件下，配以稻灰水等碱性物质，能使发酵缸内的靛蓝还原充分，易获得较好的效果。

靛蓝发酵缸中，需加入草木灰或石灰液等碱性物质，以中和发酵产物中的酸，使难溶性的靛白隐色酸转化为可溶性的靛白隐色盐。由于发酵还原时所要求的碱度不高，一般在弱碱性(pH为9左右)条件下，就可满足需要。而石灰液的碱性强，缓冲力弱，不如稻草灰水等容易掌握。

三、花篮瑶靛蓝染色工艺（表6-1）

表6-1 花篮瑶靛蓝染色工艺表

| 1. 收割蓝靛草 | 2. 把蓝靛草放入染缸中，加满水，沤泡三天 |
| 3. 三天后，将腐败的蓝靛草残渣捞出 | 4. 蓝靛液呈现黄绿色 |

5. 在蓝靛水中加入石灰，加入石灰后的蓝靛水呈蓝色（50kg蓝靛水加入1.5~2kg石灰） 	6. 将石灰水加入蓝靛缸中，充分搅拌，并用瓢将蓝靛水高高舀起并倒下，俗称"打蓝靛" 
7. 15分钟后，蓝靛水上起了一层厚厚的、细细的蓝色泡沫，蓝靛水也由之前的黄绿色变成了蓝色，蓝靛水倒入时，泡沫发出嗦嗦的响声，就说明蓝靛"打"好了 	8. "打"好的蓝靛需要静置三天，图中展示的是"打"三天后的蓝靛水 
9. 将蓝靛缸上层的清水舀出倒掉 	10. 将缸底沉淀的蓝靛液舀出装入小桶中 
11. 将蓝靛液倒入布袋中，过滤蓝靛中多余的水分 	12. 形成蓝靛膏 

13. 在竹筐中加入芭蕉叶子	14. 将草木灰倒入竹筐中，并架在大盆上

15. 在草木灰上加盖一片芭蕉叶，并将沸水倒入草木灰竹筐中，过滤草木灰水	16. 将过滤后的草木灰水倒入染缸中

17. 取适量蓝靛膏（50kg草木灰水配1.5kg蓝靛膏）	18. 将蓝靛膏用草木灰水稀释后，加入染缸中

19. 继续"打蓝靛"，让草木灰水与蓝靛膏混合均匀	20. 将自己做的一碗甜酒加入蓝靛缸中（50kg草木灰水加入0.25kg甜酒）

第六章
染色工艺

续表

21. 盖上网盖，插上茅标（网盖和茅标都是祖辈留下来的规矩，可辟邪），让其充分发酵（发酵的时间，一般根据气温的高低需要4~7天）	22. 染布前先将要染色的白棉布放入锅中泡煮，以脱去织布时上的浆料

23. 将晾干后的白棉布放入染缸中浸染40分钟左右	24. 捞出后晾晒

25. 将晾晒半干的布继续放入染缸中浸染，反复浸染十多次	26. 染成深蓝色的蓝靛布

第二节　印染工艺

广西瑶族各支系都有自己独特的印染工艺，扎染、树脂染都十分出名，尤其是红瑶的"枫脂染"、白裤瑶的"黏膏树脂染"，精工细作，瑰丽神奇，清新质朴，是印染中的精品。

一、扎染

扎染起始于殷周时代，兴盛于唐，它是先按图案设计要求，用缝、捆、包扎等多种防染的手段，在织物局部阻止染料上染，从而使被染的部位出现自然花纹或相似花形的染色技术。基本工艺流程为：

图案设计→织物扎结→浸水→染色→水洗→解拆→水洗→脱水→晾干

扎染工艺中的中心环节是扎结。扎结技法主要有缝扎法、捆绑扎法、打结扎法和器具辅助扎结法等。由于扎结方法不同，在织物上形成的花纹和风格也不尽相同。

（一）扎染技法

❶ 缝扎法

利用一般的缝纫方法，按设计图案进行缝纫，缝后抽紧扣结即可。这是应用较多、较简便的一种扎结方法。缝扎法有平缝和包缝等不同的缝法，染色后其花纹会出现脉络纹、雪地点彩、游龙纹、小蛇纹、竹鞭纹、贝壳纹等晕渲花纹。

平缝是按所描绘的纹样轮廓线，用针在织物上以一定针距进行平缝，缝完后抽紧扎结。经过染色后，会出现清晰的线形花纹。花纹的清晰程度与缝纫的针距长短有关，针距短的线形显得比针距长的线形清晰准确。根据需要将织物对折或多次折叠后平缝，可得到重复的图案花纹（图6-1~图6-3）。

包缝是将织物上所描的线对折，用绕针法在对折处缝纫，缝后拉紧、收拢、打结，染色后可得到缝线的线条纹路。这种缝型适合于表现藤、波浪、蝴蝶触须等线形纹样的效果（图6-4~图6-6）。

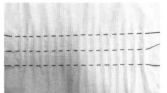

图6-1 平缝针法

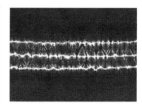

图6-2 将缝线抽紧扎好

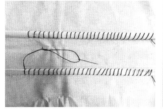

图6-3 平缝扎染效果

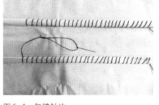

图6-4 包缝针法

图6-5 将缝线抽紧

图6-6 包缝扎染效果

❷ 捆绑扎法

这是一种较为自由的扎结方法，不必事先绘出图样线条，只要按需要将织物任意折叠、捏拢或皱缩，然后用线、绳缚绑紧固，染色时，被捆绑部分有防染作用，会显出各种花纹。常用的捆绑方式有以下几种。

（1）将织物沿经向或纬向折叠或捏拢，用线绳扎紧，染色后可得条形连续花纹（图6-7～图6-9）。

（2）将织物多次对折，以折点为顶点，分几段用绳折绕绑缚，染后可得放射状方形或菱形花纹（图6-10～图6-12）。

（3）将织物铺展开，然后收拢织物（亦可用针、钩挑起一点，收成伞状），经染色可得放射状圆形花纹（图6-13～图6-15）。

（4）将织物任意皱缝成团，用线绳捆绑，染色后可得如大理石花纹的纹饰（图6-16、图6-17）。

图6-7 将织物按纬向平行折叠

图6-8 用线绳扎紧

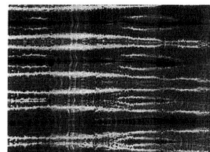

图6-9 扎染效果

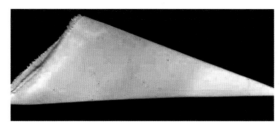

图6-10 将织物多次对折

图6-11 以折点为顶点，分几段用绳折绕绑缚

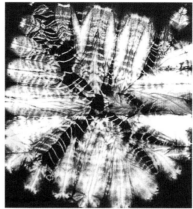

图6-12 扎染效果

图6-13 取一中心点，用拇指、食指、中指捏撮起来

图6-14 在中心点下方捆绑扎结

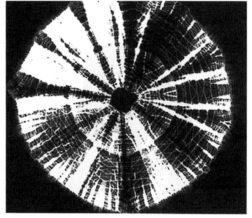

图6-15 扎染效果

图6-16 任意皱缝成团，用线绳捆绑

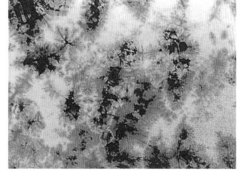

图6-17 扎染效果

③ 打结扎法

打结扎法是利用织物自身将其打结抽紧（不使用线或绳捆缚），要求打结处的结节严紧密实（图6-18、图6-19），起阻断染液浸入的作用，染色后可得到变化的花纹。打结方法有任意打结、四角结、三角结，即将织物四角打结或将织物折

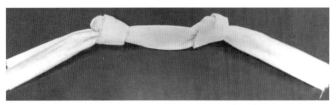

图6-18 将织物打结

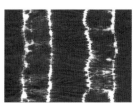

图6-19 扎染效果

叠成三角形后再打结；还有折叠结，将织物折叠成长方形打结或将织物收拢成条形后打结，再经过染色而出现不同的纹饰。

（二）排瑶扎染工艺

排瑶，或称八排瑶，因元明时期主要聚居于广东省连南县油岭、南岗、横坑、军寮、马箭、里八峒、火烧坪、大掌八大排（寨子）而得名。排瑶扎染，主要集中于广东省连南瑶族自治县八排瑶族中的油岭、南岗、三排、山溪、牛头岭、连水、东芒7个村。排瑶扎染只用于这些地区的妇女头巾和背孩子用的背带。共分为两个式样：油岭和三排式样，南岗式样。

① 油岭和三排式样

油岭和三排式样为长约33cm（1尺），宽约27cm（8寸）的长方形，白花蓝黑底，花纹为鱼尾草纹样，花纹呈平行线排列，每条花纹宽约3.3cm（1寸），四条花纹为一幅（图6-20～图6-23）。

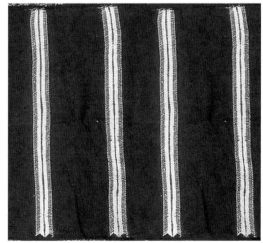

图6-20 广东连南三排瑶寨排瑶女子头帕　　　　图6-21 广东连南三排瑶寨排瑶女子扎染头帕图案

图6-22 广东连南三排瑶寨排瑶女子头帕扎染针法

图6-23 广东连南三排瑶寨排瑶女子头帕染色后晾晒

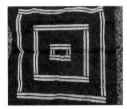
图6-24 广东连南南岗瑶寨排瑶女子头帕

图6-25 广东连南南岗瑶寨排瑶女子头帕图案

图6-26 佩戴排瑶头帕的女子

② 南岗式样

南岗式样是长宽均为约27cm（8寸）的正方形，白花蓝黑底，花纹为"回"字形实心白色纹样，一个"回"字为一幅，"回"字边线宽约1.6cm（半寸）（图6-24～图6-26）。

（三）扎染成品（图6-27～图6-29）

图6-27 桂林龙胜红瑶的扎染头帕（1）

图6-28 桂林龙胜红瑶的扎染头帕（2）

图6-29 桂林龙胜红瑶的扎染头帕（3）

二、树脂染

树脂染是少数民族的传统印染方法之一，瑶族树脂染主要集中在贵州的麻江、荔波，广西的河池、桂林等地区（表6-2）。贵州荔波和广西河池地区的白裤瑶，采用"黏膏树脂染"即黏膏树脂和牛油混合而成的防染液。贵州麻江县、荔波县的长衫瑶和青瑶以及广西桂林的红瑶，采用"枫脂染"，即枫香脂和水牛油或枫香脂、松香脂和水牛油混合而成的防染液。树脂染和蜡染有很多相似之处，也有其独特的风格，从整个工艺过程来看，树脂染似乎比蜡染更为原始古朴。

表6-2　瑶族树脂染分布

序号	树脂染地点	树脂染民族	树脂染种类
1	广西河池市南丹县里湖乡、八圩乡和金城江区拔贡镇	白裤瑶	黏膏树脂染
	贵州荔波县瑶山乡和捞村乡		
2	广西桂林市龙胜各族自治县	红瑶	枫树脂染
	贵州麻江县龙山乡	长衫瑶	
	贵州荔波县瑶麓乡、翁昂乡、洞塘乡和茂兰镇	青瑶	

（一）白裤瑶黏膏树脂染工艺

白裤瑶是瑶族的一个分支，自称"朵努"，主要分布在广西南丹县的里湖、八圩两个瑶族乡以及贵州的荔波等地。由于白裤瑶人一直生活在交通困难的偏远山区，长期处于与世隔绝的状态，使得白裤瑶传统的黏膏树脂染技艺，至今仍然依靠言传身教的方式传承着。直到今天，白裤瑶男女老少的衣服，还是由自家心灵手巧的主妇种棉花，自纺、自织、自缝、自绘、自染、自绣而成。

黏膏树脂染主要应用于白裤瑶的女子夏装上衣、百褶裙和背孩子的背带中。白裤瑶女子夏装上衣为贯头衣，两侧不缝合，后片为黏膏树脂液绘制的瑶王印图案，经过蓝靛浸染、脱黏膏树脂、二次蓝靛浸染，刺绣5道工序加工而成。白裤瑶的百褶裙上有4圈黏膏树脂液绘制的各类纹样，制作工序同贯头衣。由于百褶裙裙宽4m，底色面积远远大于点黏膏树脂液的面积，因此单单一条百褶裙就要花费1kg左右的黏膏树脂防染。由于工序复杂，白裤瑶妇女做一套白裤瑶花衣，最少需要一年的时间。

1 黏膏树脂染工艺特点与前期备料

（1）黏膏树脂染工艺特点（表6-3）：

表6-3　黏膏树脂染工艺特点

1.绘制黏膏树脂染使用的是单片金属绘刀	2.黏膏树脂染液是黏膏树脂加水牛油按质量比为40∶1的比例，混合均匀熬煮而成	3.采用蓝靛染色	4.采用自织土布，为了绘黏膏树脂液方便，土布并不上浆
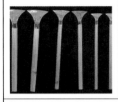			

5.白裤瑶的黏膏树脂染属于二次染。第一次染，将绘好黏膏树脂画的织物，染成黑色。褪去黏膏树脂后，进行第二次整体浸染，使白色部分染上蓝色

一次染，没有脱黏膏树脂的裙片	一次染后，脱黏膏树脂后的裙片	二次染后的裙片
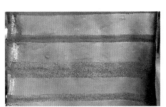		

（2）黏膏树脂染前期备料：

绘黏膏树脂液工具：白裤瑶黏膏树脂染工艺中的绘制工具，最大特点是金属单片的斧形绘刀。绘刀形制与其他民族蜡刀相同。采用长约16cm，筷子般粗细的竹条为柄，前端夹上一块形似板斧的金属片（一般为钢铁材质）作为绘制黏膏树脂染的刀口。绘刀一般是自制的，一套两把，一大一小。大号绘刀的刀刃长为4cm、刀刃宽度为6.5cm，刀柄长为19cm、宽为1.5cm、厚为1cm，主要画一些大直线和曲线。小号纹刀的刀刃长为2cm、刀刃宽度为1.6cm，刀柄长为19cm、宽为0.7cm、厚为0.7cm，主要画一些短线与小的图案。

绘黏膏树脂织物：白裤瑶黏膏树脂染，一贯使用自织的土棉布，即自己种植棉花，自己纺纱，自己织的土布。每年4月的谷雨季节，每家每户在自家地里播种棉花，至八九月份收获。一般每户每年种植666.7m²（1亩）左右，可产12.5kg

棉花，收获的棉花经轧棉后便可纺纱，过去都是自己纺纱，现在一般是拿到里湖乡请人加工成棉纱，但织布还是由自己完成。几乎每家每户都有织布机，12.5kg棉花纺的纱可在一个月织成一匹布，布幅宽约50cm（1.5尺），可做女装5套、男装5套，合计可做服装10套。

熔黏膏树脂工具：白裤瑶的熔黏膏树脂火盆，一般选用废弃的旧脸盆。在脸盆中装入草木灰用来加热与保温。盛熔黏膏树脂的器皿，选用破旧的铁锅残片，将黏膏树脂放在其中，置于火盆中让其熔化并保持一定温度。在盛黏膏树脂的铁锅中，时常放置1～2根木棍，用来放置绘刀。

黏膏树脂染液：白裤瑶黏膏树脂染所使用的主要材料，是当地特产的一种黏膏树的树脂。采集黏膏树的树脂，一般在每年4月，采集前，要在黏膏树的树干上砍凿树坑（图6-30），砍好树坑后，一般经过20～30天就可以采收树脂了（图6-31）。采集到的树脂用装有水的小瓦罐装好，装水的目的是保证树脂既不黏手也不黏罐（图6-32）。制作黏膏树脂液时，先把灰白色的树脂放在锅里，经熬煮成液态后，再按树脂与水牛油质量比为40∶1的比例，加入水牛油，搅拌均匀并加热煮熬，直到液体沸腾又没有气泡，黏膏树脂液就做好了。

蓝靛染料：白裤瑶黏膏树脂染所使用的染料，也是蓝靛草。白裤瑶村寨里，几乎每家每户都有专门制作蓝靛的小水池。将收割来的蓝靛草放入水池中沤泡，一般2～3天，待蓝靛草的叶茎腐败后，捞出。把水池中的液体舀出过滤，装入木桶中，并将适量的细磨石灰放入桶里，一般10担的蓝靛水用2～2.5kg石灰，拿2～3块玉米芯在桶底把石灰磨溶。待石灰与蓝靛水散发出清香的气味即可，这种火候全凭有经验妇女的舌头品尝，如果味道是甜的，就说明加入的石灰适量，如果味道是咸涩的，说明加入的石灰过量，需要加水稀释。处理后的蓝靛水用瓢旋转搅拌，舀起，

图6-30 被砍凿后的白裤瑶黏膏树　　图6-31 采集黏膏树脂　图6-32 黏膏树脂成品

高高倒下，直至蓝靛水面上浮起厚厚的泡沫，泡沫越多，蓝靛的品质越好，一般旋转搅拌的时间越长越好。这样的蓝靛水静置1～2天，把表面的废水舀去，最后，只剩下沉淀的糊状蓝靛，再把糊状的蓝靛装进用芭蕉叶或芋叶垫好的细竹篾篮或筐里，将糊状蓝靛中的水分阴干，就成为可供染布用的蓝靛膏了。

② 黏膏树脂染的工艺制作过程

白裤瑶的黏膏树脂染工艺，在制作上需要经过布料加工、绘制图案、浸染蓝靛、脱蜡清洗、固色加工5道工序。

（1）布料加工：南丹白裤瑶的蜡染使用自织的不上浆棉布，在绘制图案前，一般要将棉布进行打磨处理。具体做法就是把白布放在垫板上，用磨光工具打磨棉布的表面，以方便作画。打磨工具都是自家制作的木质工具。大部分的打磨工具是祖辈传承下来的，越古老的打磨工具，表面越光滑。每个妇女的打磨工具形态和大小都不一样，一般的大小为15cm左右（图6-33～图6-36）。

图6-33 打磨工具(1)　　图6-34 打磨工具(2)　　图6-35 打磨工具(3)　　图6-36 打磨工具(4)

（2）绘制图案：在绘制黏膏树脂染图案前，将之前做好的固态黏膏树脂染液放在铁锅残片中煮开，并保温，保持染液一直处于熔融状态，就可以用绘刀蘸黏膏液绘制图案了。绘黏膏画一般选在春节前后，由于这个时间段气温较低，绘好的黏膏画可以快速凝固，方便作画。

将白土布放在木板上，在土布背面抹上少量黏膏，并用打磨工具将土布平整的固定在木板上。使用大绘刀，绘制外轮廓线的长短直边（图6-37）；使用小绘刀，

图6-37 绘制白裤瑶黏膏树脂染裙片外轮廓线

填充内部结构的线条与图案（图6-38、图6-39）。白裤瑶的图案几乎都是直线构成的几何形态图案，因此，在绘制过程中，只要图案的大轮廓及主要结构绘制准确后，绘制轮廓中的短线与几何纹样就比较简单了（图6-40～图6-42）。白裤瑶妇女绘制1件上衣需要3～4天，绘制1条裙子，需要1周左右的时间。裙子总长4m，由3块图案组合而成，绘制的结构图如图6-43～图6-46所示。

图6-38 绘制白裤瑶黏膏树脂染裙片内部结构线(1)

图6-39 绘制白裤瑶黏膏树脂染裙片内部结构线(2)

图6-40 绘制白裤瑶黏膏树脂染花衣片(1)

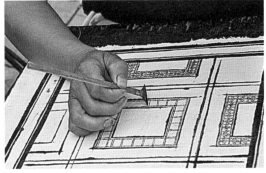

图6-41 绘制白裤瑶黏膏树脂染花衣片(2)

图6-42 绘制完成的白裤瑶黏膏树脂染花衣片

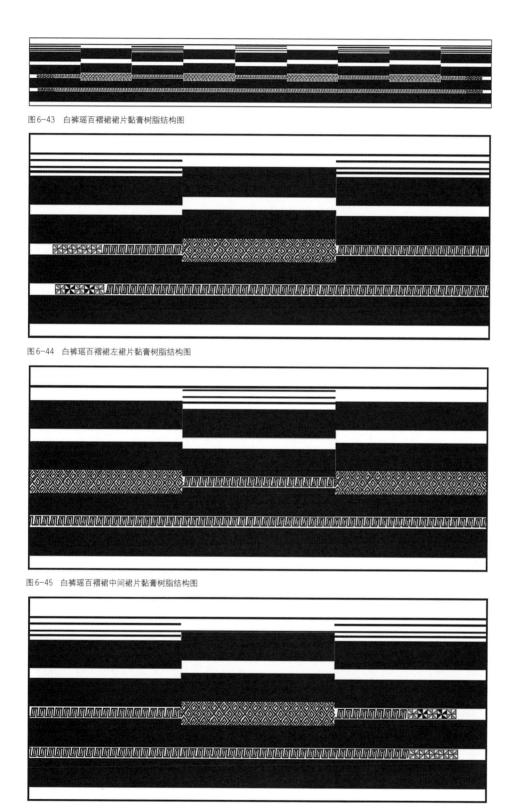

图6-43 白裤瑶百褶裙裙片黏膏树脂结构图

图6-44 白裤瑶百褶裙左裙片黏膏树脂结构图

图6-45 白裤瑶百褶裙中间裙片黏膏树脂结构图

图6-46 白裤瑶百褶裙右裙片黏膏树脂结构图

（3）浸染蓝靛：南丹白裤瑶妇女不仅精于蓝靛制作，更擅长蓝靛染色。至今不仅保留着一套完整的黏膏树脂染绘制工艺，而且在染色工艺上也有自己与其他民族不同之处。

天气凉爽的秋收之后，是南丹白裤瑶染布的季节。染布讲究选择好的日子，通常是在瑶族的"老虎天"（较热的天气）。染缸不宜过大，一般以能装25~30kg水为好，染缸里的水一定要用草木灰的过滤水。在草木灰的过滤水缸里，放入0.5~1kg蓝靛膏，加放1碗土酒，用木棍搅拌充分混合后静置，使其发酵24小时以上，染液呈现黄色后，用木棍充分搅拌，产生泡沫后，即可用来染布。

一般而言，1个染缸1次只能浸染1条绘有黏膏树脂画的织物（可裁制1~2套衣服）。将绘好黏膏树脂画的布放入染缸内浸泡1~2个小时后，取出平放在缸口上的木架上，晾至半干，平放为了促使蓝靛充分氧化。当染布无水滴出时，再放入缸内染。1块布，要在1天之内染3~5遍后，洗去浮色、晾干。第二天继续重复昨天的浸染，每天浸染3~5遍，如此反复，5天左右放到水里洗一遍，然后，再反复浸染。整个过程需要15天左右，白布就会由浅蓝变成黑色（图6-47、图6-48）。

（4）脱黏膏树脂清洗：染好色的织物，还需要将织物上的黏膏树脂褪去（图6-49）。具体的方法是：用草木灰过滤水，把染好色的织物放入草木灰水的锅内煮，通过高温沸水，使布面上的黏膏树脂脱离织物，浮于水面（图6-50）。将浮于水面的黏膏树脂舀出后，放入装有水的盆中，捞出后继续重复使用（图6-51）。

图6-47　正在染色的裙片　　　　　　　　　　　图6-48　染好色后没有脱黏膏树脂的裙片

图6-49 裙片脱黏膏树脂过程

图6-50 舀出的黏膏树脂

图6-51 黑色的黏膏树脂

（5）二次浸染蓝靛：将脱了黏膏树脂的织物，再次放入蓝靛染缸内染一遍（图6-52），使脱了黏膏树脂的白色部分染上蓝色，取出晾干(图6-53)。

（6）固色加工：将晾干后的织物，使用蕨根水浸泡来固色。为了使布坚挺耐用，不易褪色，还要把已染好的布放入牛皮或猪血的溶液里进行蒸煮。

③ 黏膏树脂染成品（图6-54）

图6-52 一次染后，脱了黏膏树脂的衣片

图6-53 二次染后的衣片

图6-54 白裤瑶黏膏树脂染贯头衣和百褶裙

（二）枫脂染工艺

居住在贵州麻江、都匀地区的长衫瑶、青瑶和广西桂林龙胜地区的红瑶，至今仍保留着一套古老的、完整的"枫脂染"加工工艺。所谓"枫脂染"，就是以枫树树脂和牛油按质量比为1：1的比例混合熬煮而成。以削尖的竹刀蘸枫脂液在织物上描画，制成美丽的"枫脂染"服饰品。由于现代枫树被砍伐殆尽，枫树树脂不好寻觅，有些地区就用松树树脂代替枫树树脂制作防染剂。

贵州麻江瑶族枫脂染广泛应用在生活中，如被面、头巾、背扇、包被、口水兜、童装花衣、盛装、便装、包袱巾、围裙等。广西桂林龙胜地区红瑶枫脂染，主要运用在本民族的百褶裙上。

① 枫脂染工艺特点与前期备料

（1）枫脂染工艺特点（表6-4）：

表6-4 枫脂染工艺特点

1.点枫脂工具采用竹签笔，而非蜡刀	2.枫脂染液是枫树树脂加牛油按质量比为1：1的比例，混合均匀熬煮而成	3.采用蓝靛染色	4.采用自织土布，用淘米水浆洗布料，使布料硬挺，便于绘枫脂
5.枫脂染既有蓝底白花的单色染，也有浅蓝花、深蓝底的复色染			

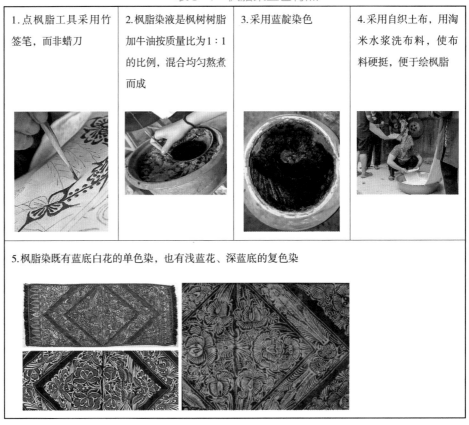

（2）枫脂染前期备料：绘枫脂液工具：麻江瑶族妇女用于枫脂染的工具不是蜡刀，而是随做随削的"竹刀"。具体做法是先找来一块竹片，将竹片削成长10～15cm，一头尖细，一头扁宽的形状，前端2cm处削成针尖状，后端1cm处为扁平状。这种"竹刀"，尖的一头用于蘸枫脂画细线，扁的一头用于推枫脂，或用来修整边缘，使线条整齐。

绘枫脂液织物：麻江瑶族的枫脂染用布，传统的都是使用自织的白色土棉布。既有用土白布（图6-55），也有用染过色的各色色布，各色色布是先染完色后，再进行绘枫脂，浸染后而形成图案（图6-56）。

熔枫脂液工具：麻江瑶族的熔枫脂工具与材料，通常采用废弃的铁锅或搪瓷脸盆等，装上灰火，灰火上盖上火灰将枫脂放在土碗里，再放在玉米芯的火灰里，以保持枫脂液的熔化状态与枫脂液的适当温度。同时，在枫脂碗里放一撮糯米草，起到过滤作用（图6-57）。

枫脂染：每年农历七八月间，必须是天气晴朗的好天气，瑶族人上山在枫树或松树上凿浅树坑，经过一周的太阳暴晒，树坑里就会渗出树脂，将树脂取下，装入袋子中（图6-58）。枫脂的制作方法：枫树树脂放在文火上熬成液体，加入

图6-55　白棉布做底绘枫脂液

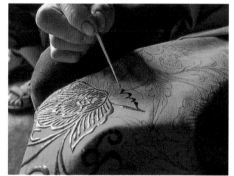

图6-56　蓝色棉布做底绘枫脂液

图6-57　熔枫脂液工具

图6-58 在枫树上取树脂

图6-59 枫树树脂（左）和牛油（右）

水牛油，枫香脂与水牛油的质量比为1∶1（图6-59）。由于枫树被砍伐的比较严重，枫树树脂比较难寻觅，现在一些瑶族地区用松树树脂代替枫树树脂做原料。松脂的制作方法：松树树脂熬成液体后，加入水牛油，树脂与水牛油的质量比为1.5∶1。枫脂染染出以白棉布为底的服饰品，白色较白，而用松脂染染出的服饰品，白色部分会发黄。

染料：采用的染料同黏膏树脂染相同，都是使用蓝靛染料。

❷ 枫脂染的工艺制作过程

麻江瑶族的枫脂染工艺，在制作上需要经过布料加工、绘制图案、浸染蓝靛、脱枫脂清洗4道工序。

（1）布料加工：在进行枫脂染的绘制之前，麻江瑶族会将自织的土棉布，用淘米水浆洗，将自织土布上的杂质与色素漂洗干净，并使布面硬挺，以利于下一步的绘枫脂与染色（图6-60、图6-61）。

（2）绘制图案：麻江瑶族妇女绘制枫脂染时，一般坐在小板凳上，制作枫脂染前，她们取来干玉米芯在煤炉中焙烧，先后烧完10多根玉米芯，才能在炉内保持足够的温度。把这些引燃的玉米芯放入搪瓷脸盆中，在上面盖上火灰，以便能让火燃烧得慢一些，将装有"枫脂液"或"松脂液"的碗，放在火灰上保温，以保持防染液一直处于熔融状态。盛"枫脂液"的碗内放了一撮糯米草，因为枫脂不纯，熔化时有一些渣子，为了让枫脂液清洁一些，能更好点绘，需要经常用糯

图6-60　用淘米水浆洗棉布　　　　　　　图6-61　晾晒使布面硬挺

米草将渣子向边上拨，起过滤的作用。

麻江瑶族妇女绘蜡时，有两种方法：一是在色布上绘制；二是在白土布上绘制。绘制色布和白布的方法相同（表6-5）。

表6-5　麻江瑶族妇女绘蜡方法

1.取出一块布，在布上画草图	2.用枫脂液在布上进行点绘
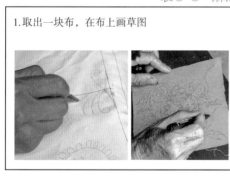	

点绘时，由于竹刀不具有保温储液的作用，蘸液有限，又容易凝固，必须频频蘸枫脂液。因此，一般选在六七月份，天气比较炎热的时节绘制枫脂染。绘制时笔画长度有限，一般都是制作较小的头帕、背孩子背带等，制作大幅面的床单、被面时，比较耗时费日。

（3）浸染蓝靛：现在麻江地区瑶族妇女，一般都是将绘制好的蜡染图案的服饰品送到染坊进行染色。很少在家自己染色了。

（4）脱枫脂清洗：将染好色的面料，放入加入草木灰的水中反复洗涤，洗掉枫香脂和松香脂后，晒干即成。

❸ 枫脂染成品（图6-62～图6-64）

图6-62　广西桂林龙胜红瑶枫脂染百褶裙

图6-63　贵州麻江瑶族枫脂染头帕（正面、侧面）

图6-64　贵州麻江瑶族枫脂染马甲

第七章
挑花工艺

挑花是瑶族妇女特有的一种传统手艺，它具有浓厚的山区气息和民族特色。挑花是用手在靛蓝色的布上挑制，反面挑花正面看；它没有统一的图案，不用绘稿不用打样，是凭挑制者的爱好和丰富的想像力挑制的。在挑制时，利用绣花布的经纬纱线按图案隔一根或几根纱线插针，不能错乱。挑制一套衣裙，往往需要一年甚至几年的时间。挑制都是利用工余、饭后、晚上时间，花费时间多，工艺复杂，所以瑶族妇女非常珍惜挑花的背带和裙衣，一般只在节日喜庆时穿戴。瑶族挑花多是以大红或深红的丝线为主调，再以黄、白、绿、蓝、粉红丝线作镶边，与底布的色彩形成强烈的对比，使衣裙、背带装饰得很精美鲜艳。挑花刺绣艳丽多姿，富有民族特色。挑花不仅起到装饰的作用，而且可以起加固袖口、领口的作用。

第一节　瑶族挑花工艺的特点

瑶族民间挑花工艺因其所居地不同而各有特色，但也有共同之处。

（1）刺绣的工具材料相同。

针：一般选用七号绣花针。

绣花布：一般选用特制的靛蓝色、红色、白色的棉、麻土布，要注意选择那些布纹线条大小一致、均匀、细密的布料，布纹越粗糙，绣出来的花纹就越大、越粗糙；布纹越细密，绣出来的花纹就越小、越精细。靛蓝色棉、麻土布要先"过水"，即把布撑平折叠适合大小放到水里不停地过水洗出残留的染料，直到洗过的水逐步变清后直接晾干（不可拧干）后方可绣花。

绣花线：选用红、黄、绿、白等丝线或绒线。

（2）挑花刺绣既不用打稿描图也不需要使用模具，全凭一双慧眼和一双巧手，按布料纱路的经纬挑制出色彩和谐、形象逼真的图案纹样来。

（3）必须严格按图案在绣花布上隔一根或几根纱线插针，不能错乱。所以造型应当简练、概括，使形体几何化。

（4）挑花刺绣图案纹样多以几何形为主，有三角形、圆形、正方形、长方形等。

（5）挑花刺绣纹样通过叠加、去减等方法，变换出许多的自然景象和动物形象纹样如鱼纹、牛角纹、龙角花纹、松树纹、马头纹、小鸟纹等。

（6）瑶族妇女刺绣巧用色线，用红、黄、蓝、绿线在黑、白底布上做文章，往往会呈现出五彩斑斓之效果。

第二节　瑶族挑花刺绣的针法

瑶族挑花刺绣的针法大体分为六种。在反面挑花图解中，横竖格子表示绣布的经纬纱线。

一、十字挑

十字挑一般用在大花纹图案的挑花中，是挑花中最基本的针法（图7-1、图7-2）。

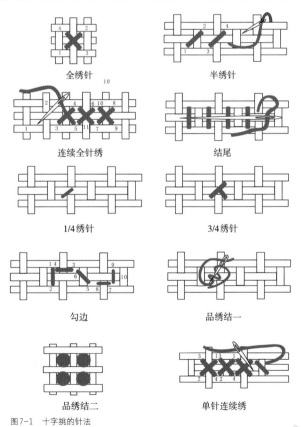

图7-1　十字挑的针法

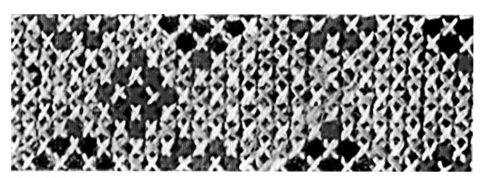

图7-2 十字挑实例

二、斜挑

斜挑绣法一般用在原野纹上，有长斜挑与短斜挑之分（图7-3）。

图7-4为斜挑花纹实例：黄色部分为短斜挑，红色部分为长斜挑。

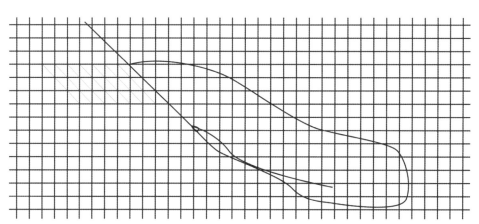

图7-3 斜挑针法

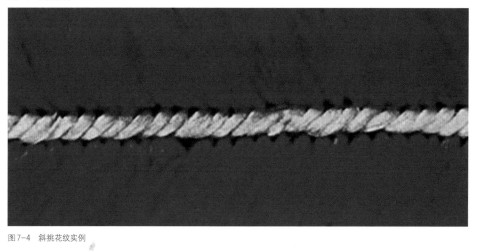

图7-4 斜挑花纹实例

三、平挑

平挑绣法按布料纱线的经线或纬线，用近似网绣的方法施针（图7-5），反面挑花正面看，可以取得精致细密的效果，甚至可以取得正反两面都完美的效果（图7-6）。

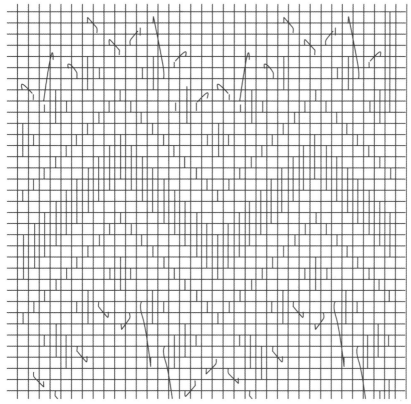

图7-5　网绣反面挑花针法图解

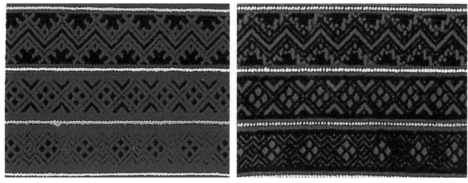

图7-6　平挑图案（正面、背面）

四、套圈挑

套圈挑也称"锁绣""套花""链环针"等。套圈挑的起针在纹样根端，而在起针旁落针，落针时将绣线挽成套圈状，第二针起针即从套圈中间插针，随即将前一个套圈扯紧。如此反复运针，即形成锁链状盘曲相套的纹饰。

套圈挑能在一般织物上形成线状图形，这种雅致的外轮廓对曲线图案和复杂图案的界线勾勒十分有用。也可以通过紧凑的绣纹来形成密集的块面填花。常用的套圈绣有两种，即闭口套和开口套（图7-7）。图7-8、图7-9为套圈挑实例。

图7-7　套圈挑针法过程

图7-8　套圈挑实例(1)

图7-9　套圈挑实例(2)

第三节　瑶族基础挑花纹样

单花图案有二三十种之多，主要常见常用的图案如下所示。

一、折形纹（图7-10、图7-11）

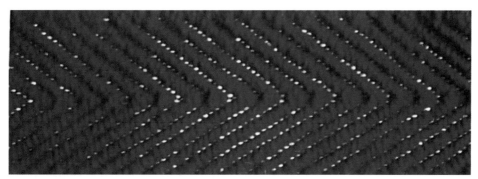

图7-10　折形纹样

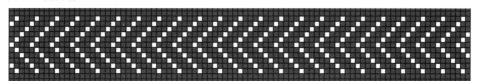

图7-11　折形纹正面挑花图解

二、龙角花纹（图7-12、图7-13）

图7-12　龙角花纹样

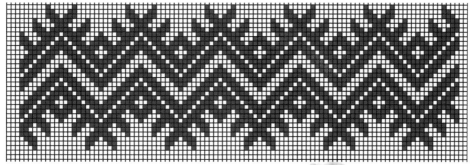

图7-13　龙角花纹正面挑花图解

三、生命树纹（图7-14～图7-16）

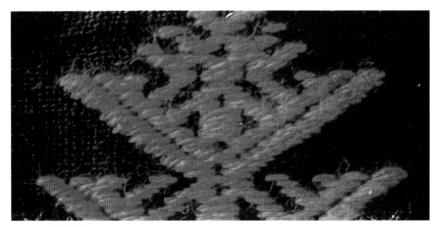

图7-14　生命树纹样

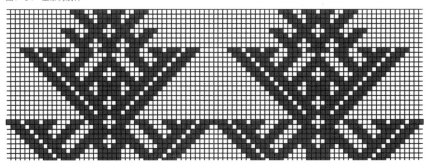

图7-15　生命树纹正面挑花图解

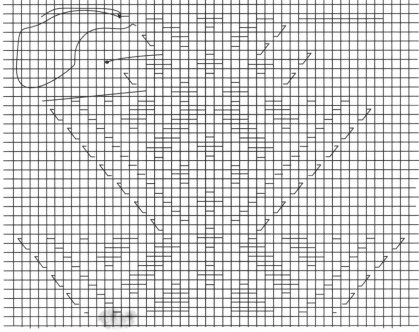

图7-16　生命树纹背面挑花图解

四、人形纹（图7-17、图7-18）

图7-17　人形纹样

图7-18　人形纹正面挑花图解

五、蜘蛛纹（图7-19、图7-20）

图7-19　蜘蛛纹样

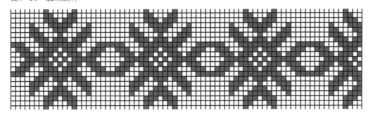

图7-20　蜘蛛纹正面挑花图解

六、卍字纹（图7-21、图7-22）

图7-21　卍字纹正面挑花图解

图7-22　卍字纹背面挑花图解（该花型应从
中间挑起，先挑好左边，再挑右边）

第七章
挑花工艺

181

第四节　瑶族挑花图案实例

瑶族挑花刺绣艳丽多姿，富有民族特色，瑶族的挑花刺绣在新娘盖头、女上衣、披肩等皆有所运用，具体如图7-23～图7-28所示。

图7-23　广西来宾金秀山子瑶"瑶王印"挑花图案

图7-24　广西金秀盘瑶新娘挑花盖头

图7-25　广西桂林龙胜红瑶女上衣正面挑花图案

图7-26 广西桂林龙胜红瑶女上衣背面挑花图案

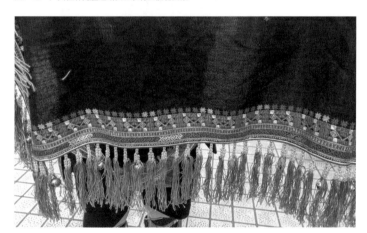

图7-27 广西金秀花篮瑶女装披肩挑花图案

图7-28 广西金秀坳瑶挑花图案

第八章

服饰工艺

第一节　女装结构与制作工艺

一、女上装结构与制作工艺

（一）女上装结构

① 贯头衣结构

沈从文先生所描述的："它是用两幅较窄的布对折拼缝的，上部中间留口出首，两侧留出臂。它无领无袖，缝纫简便，着后束腰，便于劳作……其名称应叫'贯头衣'"。而前后片通常为整幅布，没有领和襟。贯头衣大致分为早、中、晚三期。其早期贯头衣为最原始的服式，用整张兽皮，中央切开一个口子，穿着时由头部套入，腰间用绳系住；中期贯头衣是由棉布、麻布或毛毡制成，前后用整幅面料，在中央部位切开一个口子，穿着时由头部套入，两侧用绳系住；晚期贯头衣，两侧已缝合，有的已经装上了袖子，仍是前后用整幅面料，在中央部位切开一个口子，穿着时由头部套入。

现今仍保留有贯头衣结构的瑶族服装中，仅有白裤瑶女子的夏装上衣：一块约为36cm宽（1尺1寸）×43cm长（1尺3寸）前片，一块约为36cm宽（1尺1寸）×40cm长（1尺2寸）后片，两片布只在肩部缝合，并在侧缝位置，从上到下另加一块约10cm宽（3寸）×116cm长（3尺5寸）长方形的布条，作为袖片。

（1）贯头衣款式图：如图8-1所示。

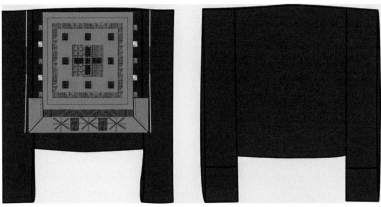

图 8-1　白裤瑶女装贯头衣款式图（正面、背面）

（2）贯头衣结构图：如图8-2所示（单位：cm）：

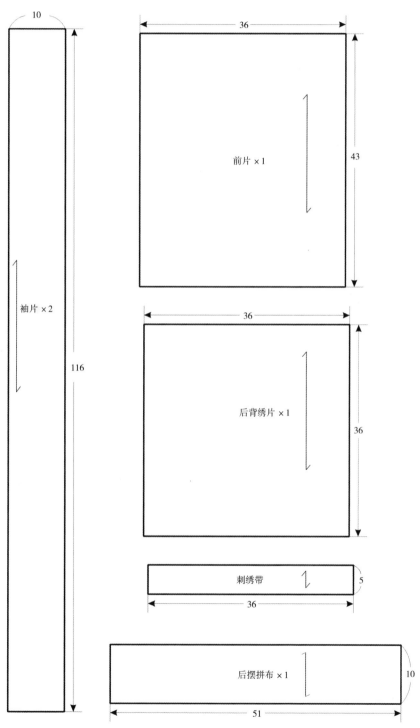

图 8-2 白裤瑶女装贯头衣结构图

❷ 对襟衣结构

（1）白裤瑶女子的冬装上衣结构：河池南丹白裤瑶女子的冬装上衣为对襟短衣，一般为黑色或蓝色，领子为短立领，立领下方襟口处镶嵌有约15cm（一拃长）的橙红色丝线绞绣的花边。通身无纽扣，外用黑色腰带系扎。长袖为长方形结构。

对襟衣款式图：如图8-3所示。

图8-3　白裤瑶女子的冬装上衣款式图（正面、背面）

对襟衣结构图：如图8-4所示（单位：cm）。

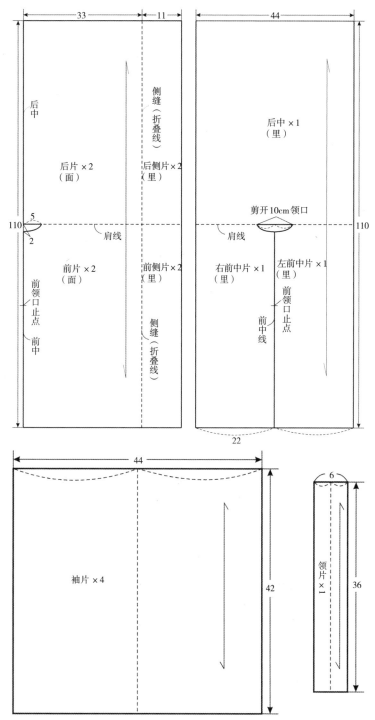

图8-4　白裤瑶女子的冬装上衣结构图

（2）红瑶女子上衣结构：广西桂林龙胜红瑶女子上衣有两种，即绣衣和织衣。这两种服装结构上最大不同在于服装后中部位是否有接缝。

绣衣结构：绣衣为无领对襟结构，中间部位使用刺绣了图案的幅宽约43cm（1尺3寸）、长1.1m（3尺3寸）的手织布，两边再加出约10cm（3寸）宽的黑色手织布，后中没有接缝。长袖为长方形结构。

绣衣款式图：如图8-5所示。

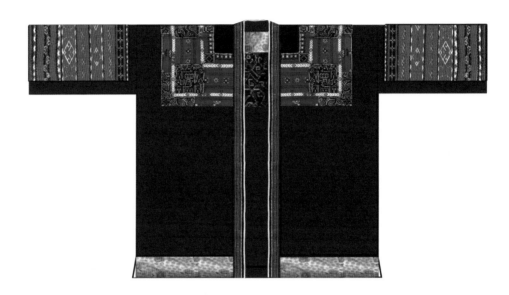

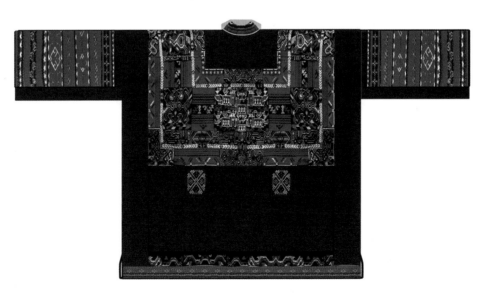

图8-5 红瑶女子绣衣款式图（正面、背面）

绣衣结构图：如图8-6所示（单位：cm）。

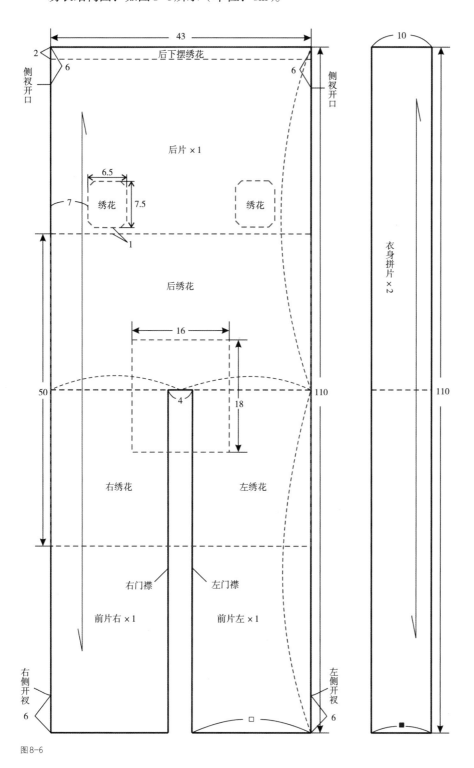

图8-6

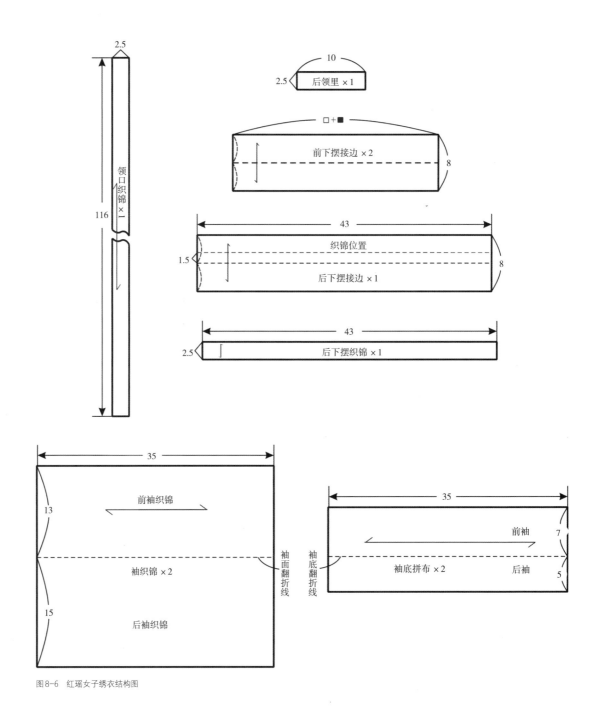

图8-6 红瑶女子绣衣结构图

织衣结构：织衣为无领对襟结构，采用2块幅宽约33cm（1尺），长约113cm（3尺4寸）的织锦面料在后中缝合制成的，后中有接缝。长袖为长方形结构。

织衣款式图：如图8-7所示。

图8-7 红瑶女子织衣款式图（正面、背面）

织衣结构图：如图8-8所示（单位：cm）。

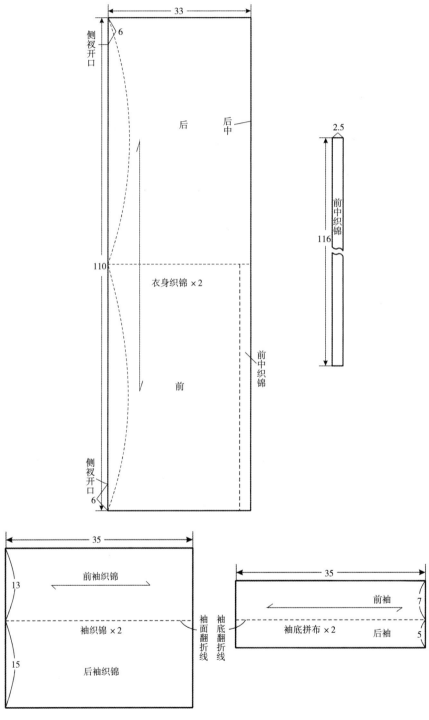

图8-8　红瑶女子织衣结构图

（3）盘瑶女子上装结构：盘瑶女子上衣为对襟短衣，一般为黑色或蓝色，襟口左、右两处各镶嵌有约15cm（一拃宽），总长约为86cm（2尺6寸）的织锦带。长袖为连肩袖。

上装款式图：如图8-9所示。

图8-9　盘瑶女子上装款式图（正面、背面）

上装结构图：如图8-10所示（单位：cm）。

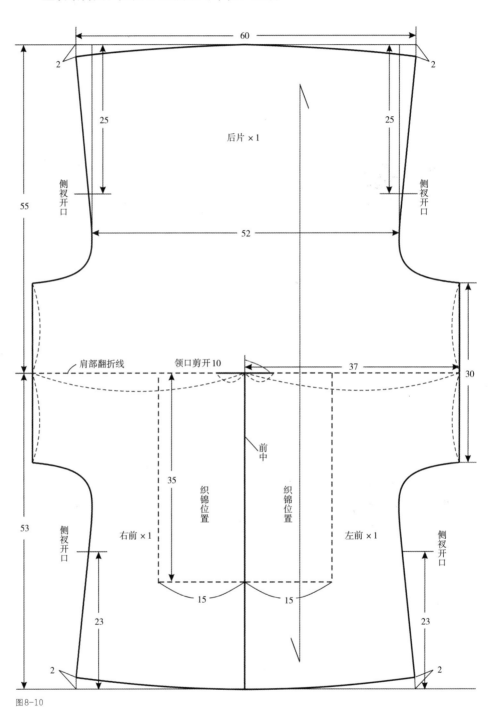

图8-10

15

87

领子、前中织锦×1

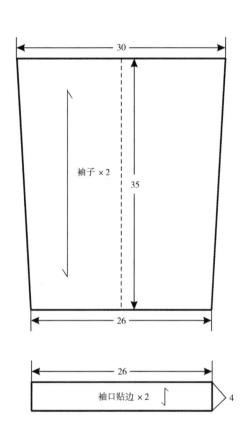

30

袖子×2

35

26

26

袖口贴边×2

4

图8-10　盘瑶女子上装结构图

（4）茶山瑶女子上衣结构：

上衣款式图：如图8-11所示。

　　图8-11　茶山瑶女子上装款式图（正面、背面）

上衣结构图：如图8-12所示（单位：cm）。

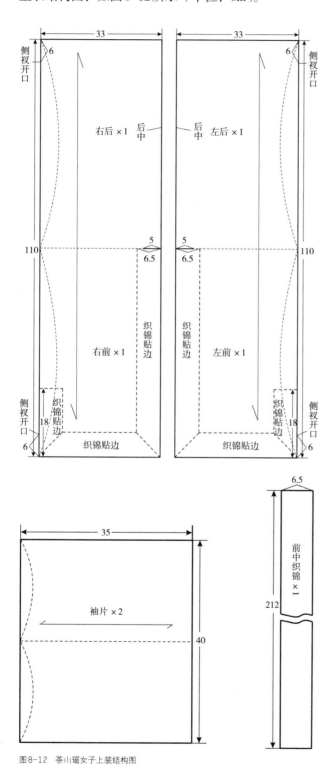

图8-12 茶山瑶女子上装结构图

（5）花瑶女子上衣结构：花瑶女子上衣款式造型奇特，因服装前襟在胸前交叉，系结于腰后，形成了前短后长的服装式样，（由于前片是两根比较长的带子，穿着时两根带子在腰部交叉后系扎于身后，故为前短后长的服装款式），酷似狗尾，又名"狗尾衫"。此服装前、后片至腰线以上有侧片相连接，腰线以下无侧片，为敞口，无接缝，为无领对襟结构。袖子为长袖结构，袖口较窄。

上衣款式图：如图8-13所示。

上衣结构图：如图8-14所示（单位：cm）。

图8-13 花瑶狗尾衫款式图（正面、背面）

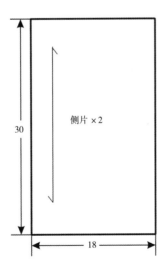

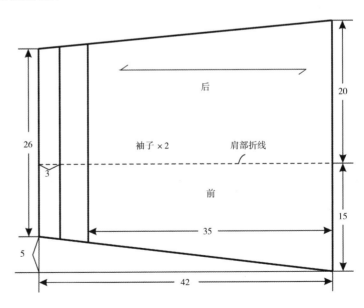

图8-14

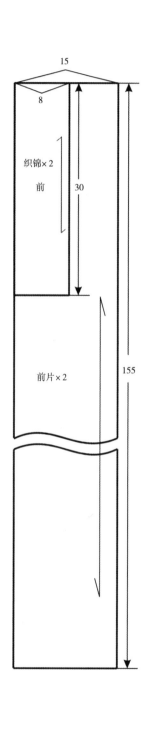

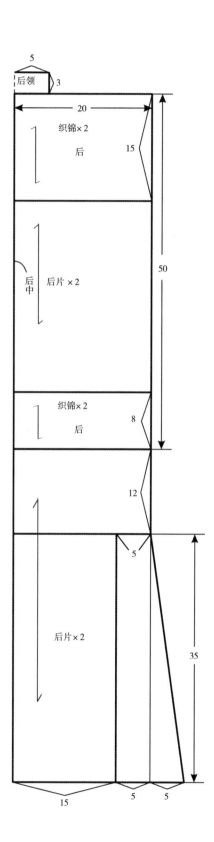

图8-14 花瑶狗尾衫结构图

❸ 大襟衣结构

蓝衣絮帽茶山瑶女子上衣为大襟立领短衣，立领高约3.3cm（1寸），大襟处
镶瑶锦带。两侧开衩，衩高约23cm（7寸）。袖子为连身长袖。

（1）大襟衣款式图：如图8-15所示。

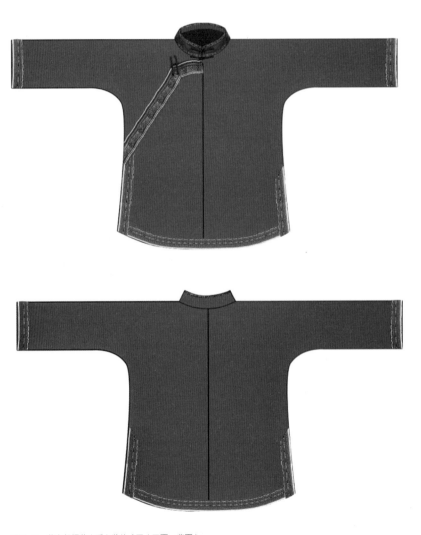

图8-15　蓝衣絮帽茶山瑶上装款式图（正面、背面）

（2）大襟衣结构图：如图8-16所示（单位：cm）。

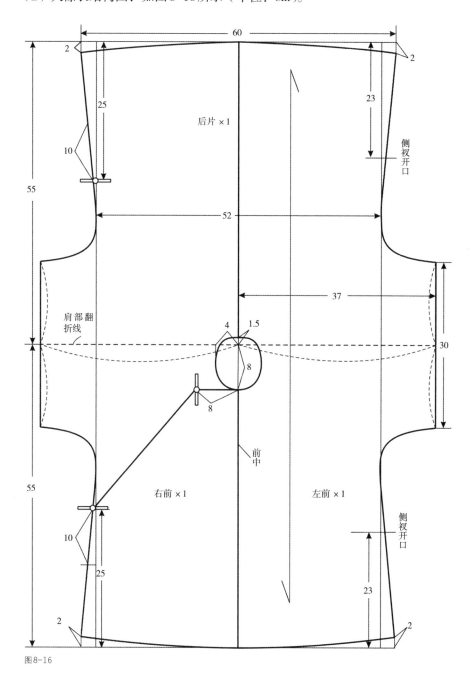

图8-16

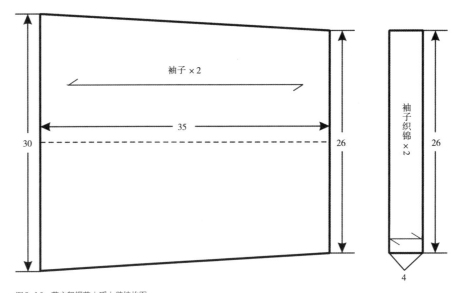

图8-16 蓝衣絮帽茶山瑶上装结构图

（二）女上装制作工艺

① 贯头衣制作工艺

白裤瑶贯头衣分为前胸片、后背片和袖子三部分，前胸片为无任何纹饰的黑布片，后背片为刺绣有瑶王印的正方形片，并用蓝色布镶边，最后将长方形的袖片与前胸片和后背片缝合在一起。

（1）白裤瑶贯头衣裁片：如图8-17所示。

（2）白裤瑶贯头衣制作工艺：贯头衣前片仅有一块黑布，后片制作工艺如图8-18所示，做好后片后，将前片与后片在肩线处缝合1cm，并将袖片沿前后片长度方向缝合一圈即可，如图8-19所示（单位：cm）。

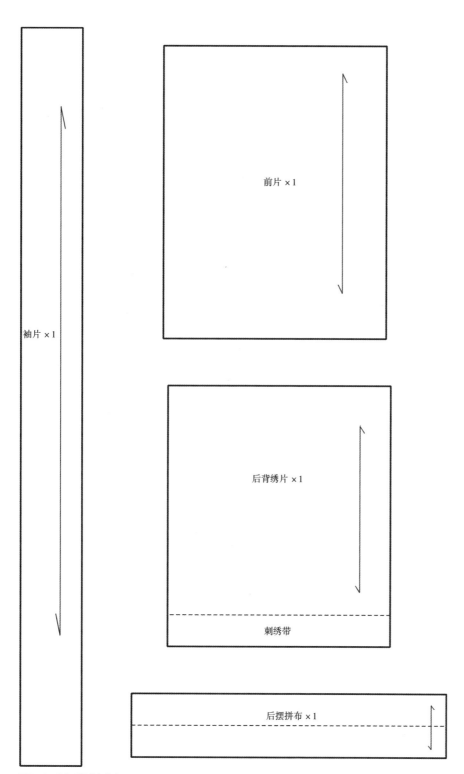

袖片×1

前片×1

后背绣片×1

刺绣带

后摆拼布×1

图8-17　白裤瑶贯头衣裁片

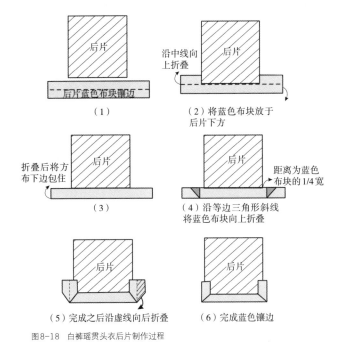

（1）

沿中线向
上折叠

（2）将蓝色布块放于
后片下方

折叠后将方
布下边包住

（3）

距离为蓝色
布块的1/4宽

（4）沿等边三角形斜线
将蓝色布块向上折叠

（5）完成之后沿虚线向后折叠

（6）完成蓝色镶边

图8-18　白裤瑶贯头衣后片制作过程

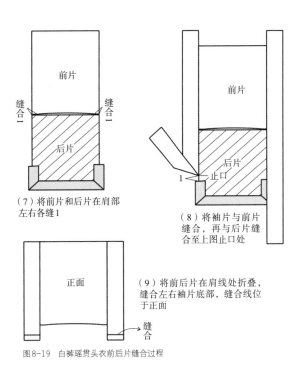

（7）将前片和后片在肩部
左右各缝1

（8）将袖片与前片
缝合，再与后片缝
合至上图止口处

（9）将前后片在肩线处折叠，
缝合左右袖片底部，缝合线位
于正面

图8-19　白裤瑶贯头衣前后片缝合过程

❷ 对襟衣制作工艺

（1）白裤瑶女子的冬装上衣制作工艺：如图8-20所示（单位：cm）。

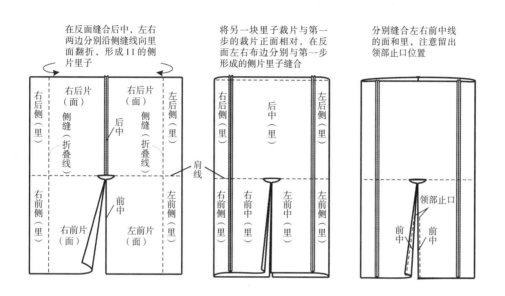

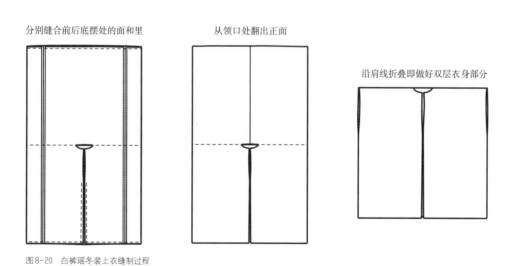

图8-20 白裤瑶冬装上衣缝制过程

（2）红头盘瑶女子上衣制作工艺：如表8-1所示。

表8-1 红头盘瑶女子上衣制作工艺

步骤	工艺说明	示意图
第一步：裁剪	将幅宽1.5m，长1.2m的布在长度方向对折	
	将对折后的布在宽度方向上再次对折	
	开始裁剪	
	裁剪后的衣片	
	裁袖子	

步骤	工艺说明	示意图
第一步：裁剪	裁袖口	
	开裁前中线，从底摆一直开到领口	
第二步：缝制	采用包净缝手法缝合袖子和衣身侧缝	
	采用包净缝手法拼合袖片	
	为了防止缝合门襟上的织锦时出现不平服的现象，缝合前，先将肩缝剪开13cm宽	

步骤	工艺说明	示意图
第二步：缝制	再将织锦平铺在门襟上，采用扣边的缝纫手法，将织锦带缝合到衣身上	
第三步：制成成衣	缝合好的服装	

（3）花篮瑶女子的上衣制作工艺：如表8-2所示。

表8-2 花篮瑶女子的上衣制作工艺

步骤	工艺说明	示意图
第一步：裁剪	将幅宽约43cm（1尺3寸）长的布，裁剪出长约1.2m（3尺6寸）的布两块	
	用手丈量前片宽度，约为40cm（两拃多）	

步骤	工艺说明	示意图
第一步：裁剪	将约1.2m（3尺6寸）长的布对折，在前中处，剪掉约3.3cm（1寸）宽布条	
	裁袖子：幅宽为袖肥，长度约为43cm（1尺3寸）	
第二步：缝制	将刺绣好图案的后片缝合在一起	

续表

步骤	工艺说明	示意图
第二步：缝制	将刺绣好图案的袖片缝合侧缝	
	将袖子与刺绣好花纹的衣身缝合	
	缝合好袖子的效果	
	缝合衣身的侧缝	
第三步：制成成衣	缝合好的服装	

二、女下装结构及制作工艺

（一）百褶裙结构

❶ 白裤瑶百褶裙结构

白裤瑶女子一年四季都身着百褶裙，裙长至膝盖，裙子款式相同，不分冬、夏，简装和盛装。裙子主色以蓝色为主，用三块长约133 cm（4尺），宽约46 cm（1尺4寸），总长约4m的白棉布做底，在其上用黏膏树汁蜡染成4组深蓝色的环形图案，图案错落有致。点缀9小片约3.5cm长×6.5cm宽（1寸长×2寸宽）的橘红色蚕丝无纺布，并在小片蚕丝布的中间横向镶嵌约0.8cm（1/4寸）宽的黄色蚕丝无纺布。裙边底层镶约6.5cm（2寸）宽，黑色布为底，红色丝线刺绣的菱形花纹绣带，上层缝缀约5cm（1寸5分）宽橘红色蚕丝无纺布。整条裙子抽2cm宽褶制作而成。百褶裙外还配一块黑色的前挡布，此布长约48cm（1尺4寸），宽约18cm（5寸5分），四周用一条约5cm（1寸5分）宽蓝色的布条镶边，系上带子绑在腰上，挡在裙子交叉的地方，可以遮挡百褶裙的接缝，也可起到美观的作用。

（1）百褶裙及前挡布实物图：如图8-21所示。

图8-21　白裤瑶百褶裙实物图

（2）百褶裙款式图：如图8-22所示。

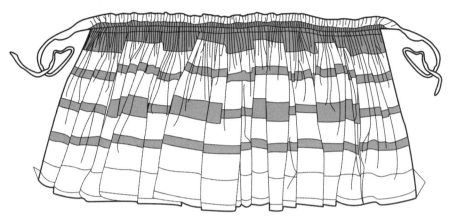

图8-22 白裤瑶百褶裙款式图

（3）百褶裙结构图：如图8-23所示（单位：cm）。

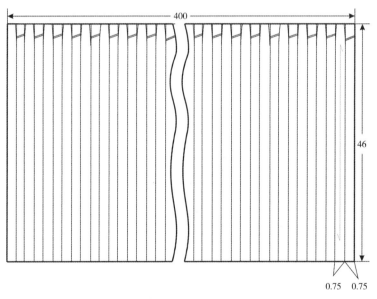

图8-23 白裤瑶百褶裙结构图（由于0.75的褶量太小，按现今的比例无法看清结构，因此将0.75的褶量适当放大，便于观看）

（4）前挡布结构图：如图8-24所示（单位：cm）。

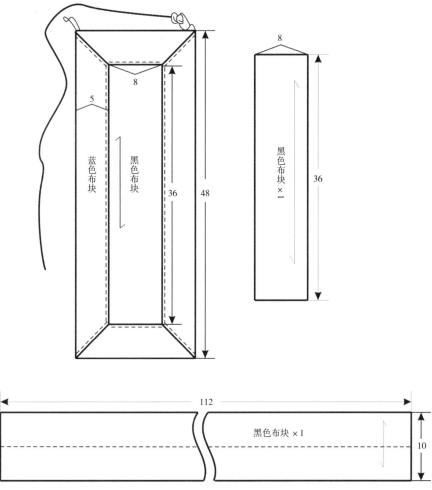

图8-24 白裤瑶百褶裙前挡布结构图

② 花瑶百褶裙结构

花瑶百褶裙实物图：亮布制作的裙子。实际裙腰宽88cm，裙长50cm（图8-25）。

（1）花瑶百褶裙款式图：如图8-26所示。

图8-25 花瑶百褶裙实物图

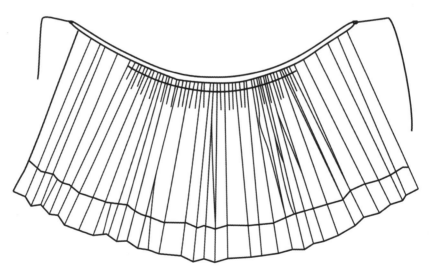

图8-26 花瑶百褶裙款式图

（2）花瑶百褶裙结构图：如图8-27所示（单位：cm）。

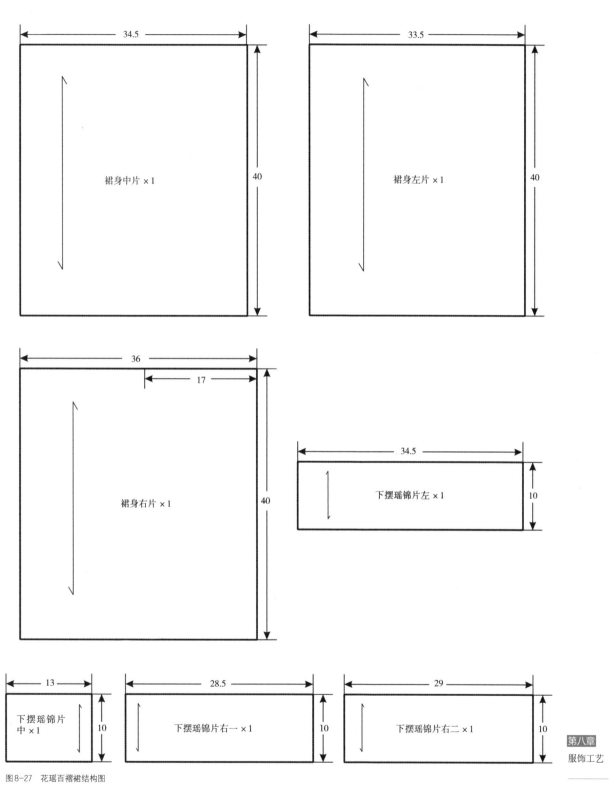

34.5

40

裙身中片 ×1

33.5

40

裙身左片 ×1

36

17

40

裙身右片 ×1

34.5

10

下摆瑶锦片左 ×1

13

10

下摆瑶锦片
中 ×1

28.5

10

下摆瑶锦片右一 ×1

29

10

下摆瑶锦片右二 ×1

图8-27 花瑶百褶裙结构图

（二）百褶裙的制作工艺

白裤瑶百褶裙由于制作工艺复杂，常常要花费五六个月的时间，才能做好。制作百褶裙的方法如表8-3所示。

表8-3　百褶裙制作工艺

1.制作百褶裙前的准备工作：制作橘红色和黄色的蚕丝无纺布		
步骤一：制作蚕丝无纺布	当蚕成熟时，不让蚕做茧，使其在平板上往返爬行，把丝吐在平板上，织成丝布	
	为了使蚕丝无纺布无杂质且厚度均匀，白裤瑶妇女必须守在旁边，清理蚕的排泄物并将聚集在一起的蚕放置在蚕比较稀疏的地方	
	制成的蚕丝无纺布	
步骤二：蚕丝无纺布染色	制作黄色染液：将"咚也蓂"（瑶语，五蓓子的枝）劈开，取出里面嫩黄色的部分，把它们放进锅里煮出黄水	

步骤二：蚕丝无纺布染色	制作红色染液：将"咚也蔼"煮出的沸腾的黄水，倒进混合有"弄七"（瑶语）、"弄倍竹"（五蓓子木的叶，右图左1）的桶中（"弄七"和"弄倍竹"非常相似，都是绿色的叶子），待液体温度降低后，将"弄七""弄倍竹"残渣滤出，便制成了红色染液	 
	将蚕丝无纺布放入染液中染制。染好的蚕丝无纺布如右图所示	

2. 百褶裙的制作工艺

白裤瑶女子穿的百褶裙是用三块长约133cm（4尺），宽约46 cm（1尺4寸），总长约4m的白布做底，在其上绘制黏膏树汁画后再用蓝靛染色，最后在底边缝上用红丝线刺绣的菱形图案的刺绣条、蚕丝无纺布等，并在裙身上点缀小块长方形的蚕丝无纺布，抽褶制作而成

第一步：黏膏树汁染好的裙片（详细步骤见传统工艺部分的第六章染色工艺树脂染内容）	

将三块长约133 cm（4尺）的裙片缝合起来，裙片总长4m	
第二步：裁剪并缝制裙底边的双层橘红色蚕丝无纺布	
第三步：裁剪并缝制裙子上点缀的橘红色蚕丝无纺布	
第四步：裁剪并缝制橘红色蚕丝无纺布上镶嵌的黄色蚕丝无纺条	
第五步：将红色的菱形刺绣条缝在裙子底部的黑边上	
第六步：手工刮裙褶	

第七步：采用"重锁针法"将手工刮好的褶进行固定。由于重锁针法形成的装饰线很密集，呈现出凸起的"麦穗结"条状装饰形状，可以将裙子上的褶量遮盖固定，呈现美观，富有独特的肌理效果	
第八步：手工上腰头	
第九步：将裙片用布紧紧固定在竹筐上，用工具整理褶的大小，直到裙子上、下、左、右的褶大小都一致	
第十步：褶全部整理好后，就把百褶裙悬挂起来，静置一段时间	

第八章
服饰工艺

3. 制作百褶裙前挡布

此布长约48cm（1尺4寸），宽约18cm（5寸5分）。四周用一条长约5cm（1寸5分）宽蓝色的布条镶边，系上带子绑在腰上，挡在裙子交叉的地方，可以遮挡百褶裙的接缝，也可起到美观的作用

前挡片款式图	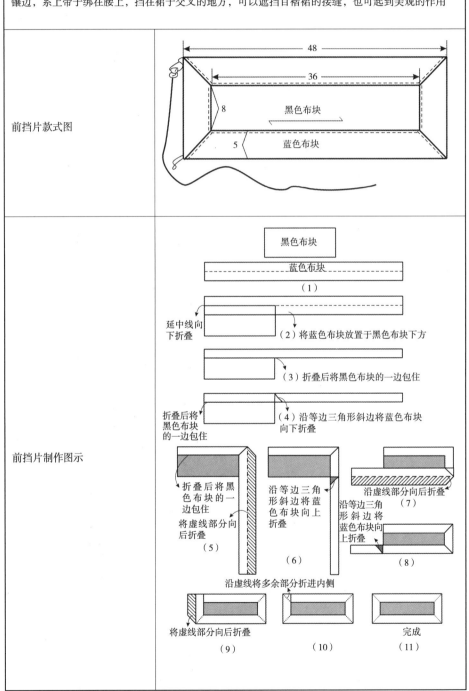
前挡片制作图示	

第二节　男装结构与制作工艺

一、男上装结构与制作工艺

（一）对襟衣结构

白裤瑶男上装结构为黑色对襟短上衣，领、襟和袖口镶5cm（1寸5分）宽蓝边，后片底部中心和两侧开衩，沿底摆、两侧和后片底部中心开衩，镶5cm（1寸5分）宽蓝边，形似雄鸡的尾巴，并在蓝边上绣"蜘蛛纹"（外形像"米"字）。

❶ 白裤瑶对襟衣实物图

白裤瑶对襟衣实物图，如图8-28所示。

图8-28　白裤瑶对襟衣实物图（正面、背面）

② 对襟衣款式图

白裤瑶对襟衣款式图，如图8-29所示。

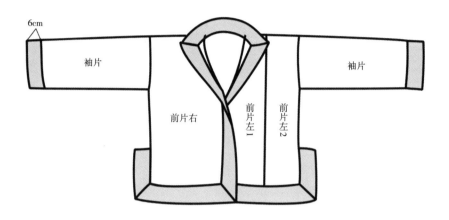

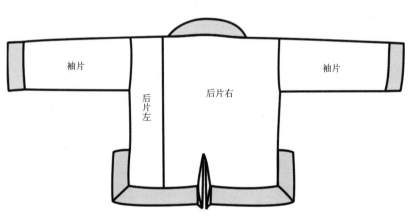

图 8-29　白裤瑶对襟衣款式图（正面、背面）

❸ 对襟衣结构图

白裤瑶对襟衣结构图，如图8-30所示（单位：cm）。

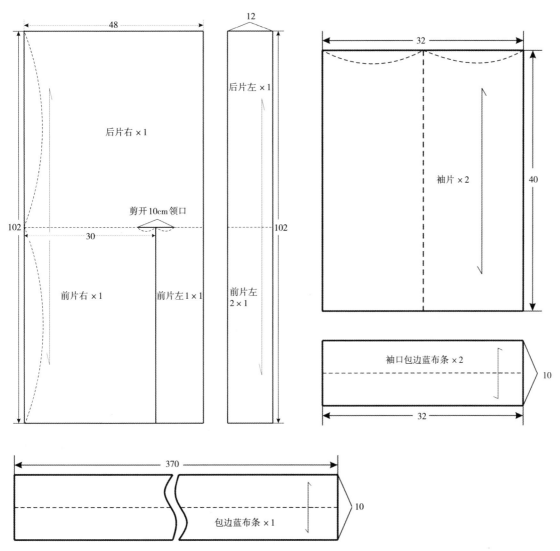

图8-30　对襟衣结构图

（二）对襟衣的制作工艺

白裤瑶对襟衣只有底边、两侧和后片底边中心镶蓝边工艺较难，这里只讲解底边、两侧和后片底边中心镶蓝边的制作工艺（图8-31）。

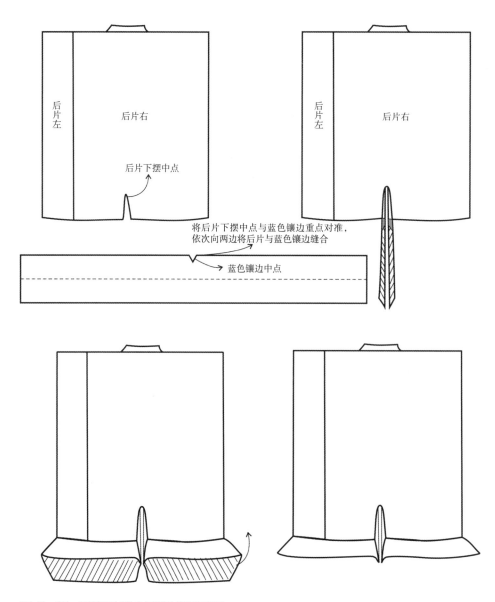

图8-31　底边、两侧和后片底边中心镶蓝边的制作工艺图

二、男下装结构与制作工艺

（一）中裤的结构

白裤瑶男子的中裤，裤裆宽大，裤腿紧瘦，裤腿上的五条红色线条，据说象征他们的祖先为本民族尊严带伤奋战的十指血痕，是缅怀祖先及其功绩的图案。常装白裤，裤脚没有"血手印"的纹饰，盛装才有。男子扎绑腿时，先要用白布或黑布做衬底，将绑腿线呈交叉状从上至下系扎，平时可不扎绑腿，节庆活动扎多条绑腿。

❶ 中裤的款式图

白裤瑶常装中裤款式图，如图8-32所示，其正面、背面款式图相同。白裤瑶盛装中裤款式图，如图8-33所示，其正面、背面款式图相同。

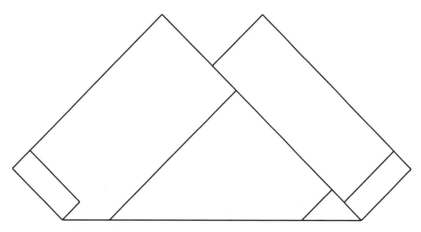

图8-32　白裤瑶常装中裤款式图

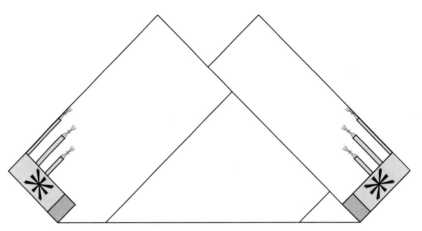

图8-33 白裤瑶盛装中裤款式图

❷ 中裤的透视图

白裤瑶常装中裤透视图，如图8-34所示。

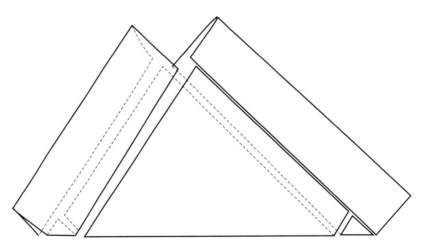

图8-34 白裤瑶常装中裤透视图

❸ 中裤的分析图

白裤瑶常装中裤的分析图，如图8-35所示。

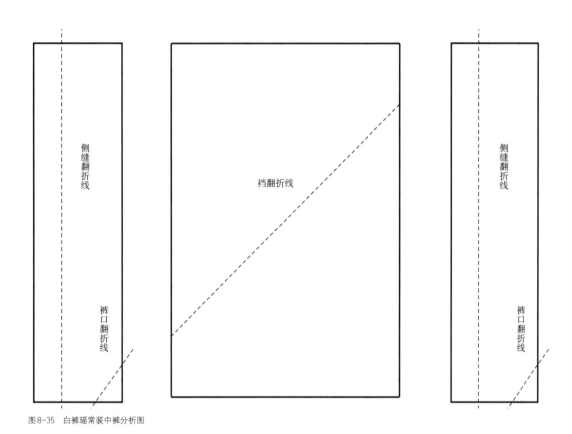

图8-35 白裤瑶常装中裤分析图

❹ 中裤的结构图

白裤瑶常装中裤的结构图，如图8-36所示（单位：cm）。

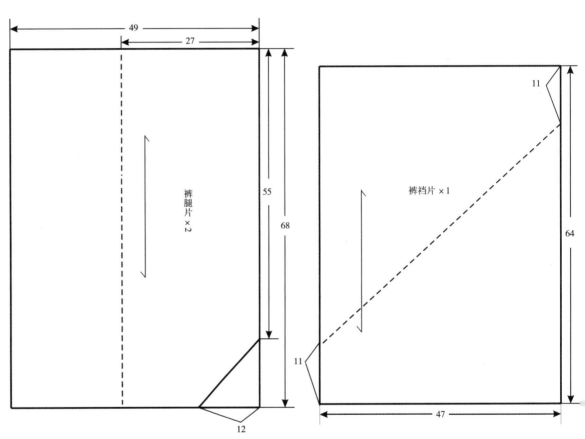

图8-36　白裤瑶常装中裤结构图

（二）中裤的制作工艺（表8-4）

表8-4 白裤瑶盛装中裤的制作工艺

步骤	示意图
步骤一：裁好布后，在裤腿位置绣花	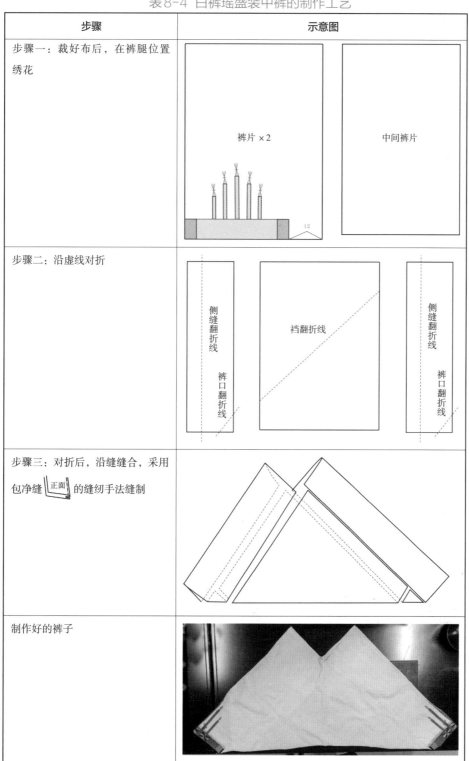
步骤二：沿虚线对折	
步骤三：对折后，沿缝缝合，采用包净缝的缝纫手法缝制	
制作好的裤子	

第三节 服饰品结构与制作工艺

一、头巾结构与制作工艺

（一）头巾结构

南丹白裤瑶很重视头饰，他们的首服制度也是沿袭秦汉衣制。白裤瑶的女子在成年之后便开始"包头禁发"。留头发、包头巾的习俗白裤瑶称其为"包头禁发"。女子在佩戴头巾时需要先把长发在脑后扎好，成发髻状，然后用一张约43cm（约2拃半）长的黑布，对折成17cm宽（约1拃）宽的折幅，中间对准前额，从前面往后包裹头发，但只把前额的头发包住，让挽扎在脑后的头发结自然隆起，最后将两条白色带子（约为手指宽，预先缝在黑布角上）从后往前、自左向右平绕两周，布条尾部扎在左前额部位翘起，好似锦鸡头上的翎毛。

1 白裤瑶头巾实物图

白裤瑶头巾实物的正面、侧面、背面图，如图8-37所示。

图8-37 白裤瑶头巾实物图（正面、侧面、背面）

2 白裤瑶头巾结构图

白裤瑶头巾结构图，如图8-38所示（单位：cm）。

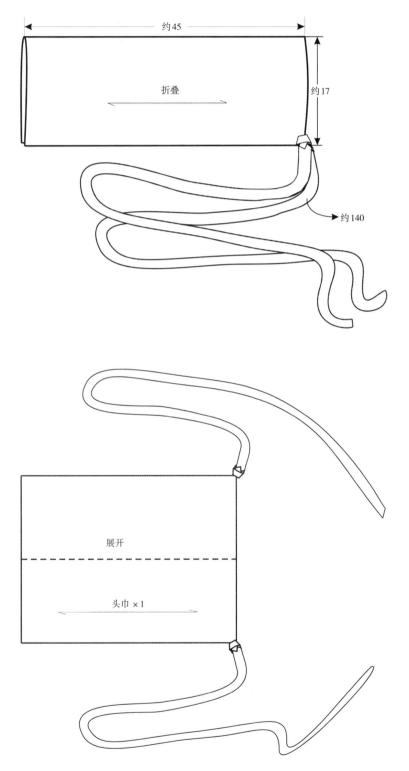

约45

折叠

约17

约140

展开

头巾 ×1

图 8-38 白裤瑶头巾结构图

第八章
服饰工艺

（二）头巾的制作工艺

将黑色头巾布裁好后，由于头巾宽度是布面幅宽，因此只需两边用锁针法扣净边，并在两头各加两个绳环。再将白色的带子布，中间对折，正面相对缝合，并在窄边处加一根细绳，便于将缝好的带子翻折出来（图8-39）。

图8-39　白裤瑶头巾实物图

二、胸兜结构与制作工艺

（一）胸兜结构

1 胸兜实物图

胸兜实物图，如图8-40所示。

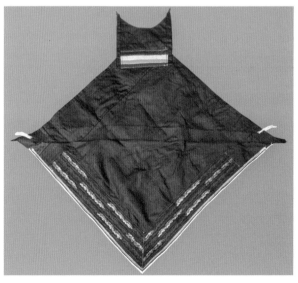

图8-40　胸兜实物图

❷ 胸兜结构图

胸兜结构图，如图8-41所示（单位：cm）。

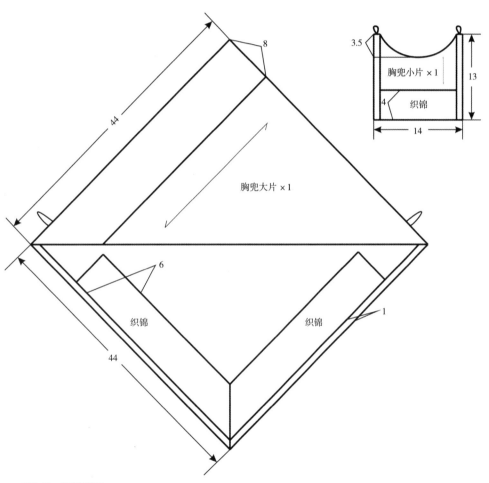

图8-41　胸兜结构图

（二）胸兜的制作工艺

花瑶的胸兜是由亮布制成的。

（1）领口片：裁出13cm长宽的正方形，挖出3.5cm深的领口，距离底边1cm处镶上织锦带，并在两边包1cm净边，在领口上方两边各加一个带环，便于系胸兜领口带。

（2）胸兜片：裁两个直角边为44cm宽的三角形，由于采用的是手织棉布，布幅仅有36cm宽，需要在一边接上8cm宽的布。一块三角形的两条直角边上用白布绲边，并沿绲边镶上细细的红、绿、黄三色织锦条，紧挨着三色织锦条镶上三条宽2cm，长36cm的织锦带。另一块三角形的两条直角边，用锁针法包成净缝，并在两条直角边底部位置上，各缝上一个带环，用于系胸兜带。并将两块三角形沿长边缝合起来。

（3）将领口片放在胸兜片没有织锦带的三角上，并缝合在一起。

三、披肩结构与制作工艺

（一）披肩结构

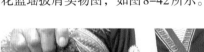

花篮瑶披肩实物图，如图8-42所示。

图8-42 花篮瑶披肩实物图

② 花篮瑶披肩结构图

花篮瑶披肩结构图，如图8-43所示（单位：cm）。

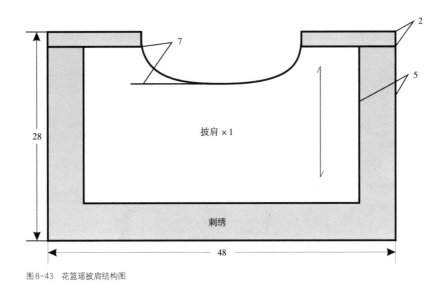

图8-43　花篮瑶披肩结构图

（二）披肩的制作工艺

按布面幅宽大小裁出一块长28cm的布片，按结构图裁出领窝，进行刺绣，刺绣完成后，沿布边由内而外，分别用白色和红色线镶边，再缀上珠子、流苏和铃铛。

四、绑腿结构与制作工艺

绑腿是由魏晋时的"胫衣"演变而成。在瑶寨，成年的白裤瑶男子、女子都有绑腿，但只在上山劳作、参加节庆演出或冬天天寒地冻的时候才佩戴，平时很少佩戴。女子的腿绑布是用每幅宽约26cm（1拃半）、长约2m（12拃）的黑布将膝盖以下包裹，外层再绑上橘红色丝线绣着米字花纹的绑腿。

（一）绑腿结构

1 白裤瑶绑腿实物图

白裤瑶绑腿实物图，如图8-44所示。

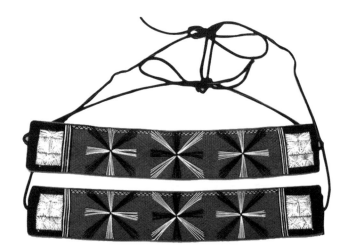

图8-44 白裤瑶绑腿实物图

2 白裤瑶绑腿款式图

白裤瑶绑腿款式图，如图8-45所示。

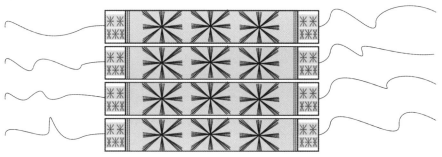

图8-45 白裤瑶绑腿款式图

❸ 白裤瑶绑腿结构图

白裤瑶绑腿结构图，如图8-46所示（单位：cm）。

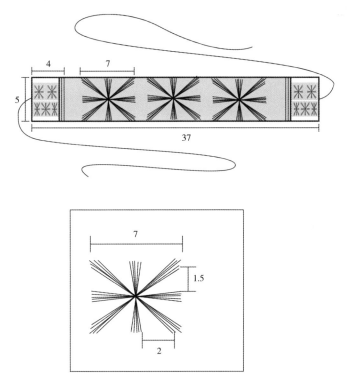

图8-46　白裤瑶绑腿结构图

（二）绑腿的制作工艺

（1）按幅宽大小（约38cm），裁出长11cm的黑布，并在黑布中心位置刺绣纹样，刺绣好的布片，沿虚线折叠后扣缝（图8-47），并在折缝处锁绣橘红色绳边（图8-48）。

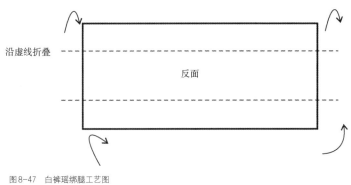

图8-47　白裤瑶绑腿工艺图

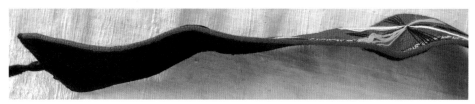

图8-48　白裤瑶绑腿折缝处锁绣橘红色绳边

（2）裁1cm宽的直条，将其对折，用橘红色线采用锁针绣针法将其缝合起来
（图8-49）。

图8-49　白裤瑶绑腿直条

（3）将直条带插入绑腿两侧，并用扣边 ⌐⌐ 的缝纫手法将直条带缝入绑
腿中。

参考文献

［1］中国统计局人口和就业统计司编.2015年全国1%人口抽样调查资料[M].北京：中国统计出版社，2016.

［2］奉恒高.瑶族通史[M].北京：民族出版社，2007.

［3］张有隽.瑶族历史与文化[M].南宁：广西民族出版社，2001.

［4］黄钰，黄方平.国际瑶族概述[M].南宁：广西人民出版社，1993.

［5］毛宋武，蒙朝吉，郑宗泽.瑶族语言简志[M].北京：民族出版社，1982.

［6］苏胜兴.瑶族风情录[M].南宁：广西人民出版社，1991.

［7］《江华瑶族自治县概括》编写组.江华瑶族自治县概况[M].长沙：湖南人民出版社，1985.

［8］胡德才，苏胜兴.大瑶山风情[M].南宁：广西民族出版社，1990.

［9］广西壮族自治区地方志编纂委员会.广西通志·民俗志[M].南宁：广西人民出版社，1992.

［10］莫杰.广西风物志[M].南宁：广西人民出版社，1984.

［11］《中国少数民族社会历史调查资料丛刊》修订编辑委员会.广西瑶族社会历史调查（一）[M].北京：民族出版社，2009.

［12］蒋廷瑜，廖明君.铜鼓文化[M].杭州：浙江人民出版社，2007.

［13］玉时阶.瑶族文化变迁[M].北京：民族出版社，2005.

［14］徐祖祥.瑶族文化史[M].昆明：云南民族出版社，2001.

［15］赵廷光.论瑶族传统文化[M].昆明：云南民族出版社，1990.

［16］刘红晓，陈丽.广西少数民族服饰[M].2版.上海：东华大学出版社，2016.

［17］梁汉昌.没有围墙的民族博物馆[M].南宁：接力出版社，2007.

［18］王梦祥.民族的记忆[M].南宁：广西美术出版社，2009.

［19］吕胜中.广西民族风俗艺术：五彩衣裳[M].南宁：广西美术出版社，2001.

［20］钟茂兰，范朴.中国少数民族服饰[M].北京：中国纺织出版社，2006.

［21］广西年鉴社.广西年鉴2007[M].南宁：广西年鉴社，2007.

［22］姚舜安.广西民族大全[M].南宁：广西人民出版社，1991.

［23］黄必贵，卢运福.世界瑶都[M].广州：岭南美术出版社，2006.

［24］吕胜中.广西民族风俗艺术：娃崽背带[M].南宁：广西美术出版社，2001.

［25］广西人民出版社.广西少数民族图案选集[M].南宁：广西人民出版社，1956.

［26］包日全.广西少数民族织锦图案选集[M].桂林：漓江出版社，1986.

［27］玉时阶.濒临消失的广西少数民族服饰文化[M].北京：民族出版社，2011.

［28］广西壮族自治区民族事务委员会.瑶族服饰[M].北京：民族出版社，1985.

［29］贵州省从江地方志编纂委员会.从江风物志[M].昆明：云南民族出版社，2008.

［30］田小杭.中国传统手工艺全集：民间手工艺[M].郑州：大象出版社，2007.

［31］钱小萍.中国传统手工艺全集：丝绸织染[M].郑州：大象出版社，2005.

［32］刘红晓，谭立平.传统壮锦织机结构研究——从宾阳竹笼机为例[J].安徽农业科技，2011, 39(8): 4875-4877.

［33］朱医乐.扎染工艺[M].天津：天津美术出版社，2006.

［34］连南过山瑶的男女青年常常吹起木叶传递心声.千寻生活［EB/OL］.2018［2018-03-13］.http://www.orz520.com/a/travel/2018/0313/10951127.html.

［35］隆回花瑶人像篇.Poco摄影网［EB/OL］.2016［2016-07-18］.http://www.poco.cn/works/detail?works_id=259134.

［36］贵州青瑶 还扛粉枪的民族.人民网［EB/OL］.2012［2012-09-06］http://news.ifeng. com/gundong/detail_2012_09/06/17405702_3.shtml.

［37］许嘉璐.二十四史全译：后汉书，第2册[M].上海：汉语大词典出版社，2004.

［38］屈大钧.广东新语·人语·瑶人：卷5[M].北京：中华书局，1985.

［39］吴永章.瑶族史[M].成都：四川民族出版社，1993.

［40］李文琰.杂志·诸蛮庆远府志：卷十.

［41］敬静.白裤瑶传统纺织工艺——以广西南丹里湖瑶族乡怀里村蛮降屯为例[D].南宁：广西艺术学院，2015.

［42］杨璞.白裤瑶纺织工艺文化研究——以广西南丹县里湖瑶族乡瑶里屯为例

[D]. 南宁：广西民族大学，2013.

［43］杨颐珠.湖南瑶族织锦技艺研究[D].长沙：湖南师范大学，2016.

［44］传统技艺：连南"瑶族扎染".广东清远市人民政府网：电子政务中心
［EB/OL］.2013［2013-09-25］. http://www.gdqy.gov.cn/gdqy/
mzms/201309/f87fd24965e34dc8a8198335f4e7c240.shtml.

［45］贾京生.中国现代民间手工蜡染工艺文化研究[M].北京：清华大学出版社，
2013.

［46］旋子.瑶族：白裤瑶的蜡染.新浪博客［EB/OL］.2014［2014-02-02］.
http://blog.sina.com.cn/s/blog_63d1af1a0102ee4z.html.

［47］白裤瑶的传承　蜡染，拍摄花絮、凤凰网［EB/OL］、［2014-06-16］.http://
biz.ifeng.com/huanan/focus/detail_2014_06/16/2439088_17.shtml.

［48］红篮子.黑白印象：白裤瑶的服饰文化［EB/OL］.2011［2011-10-14］.
http://pp.163.com/wrls122/pp/5875127.html.

［49］张有利.白裤瑶染色工艺研究[D].上海：东华大学，2016.

［50］孙颖.广西南丹白裤瑶民族服饰研究[D].武汉：中南民族大学，2013.

［51］刘瑞璞，何鑫.中华民族服饰结构图考：少数民族编[M].北京：中国纺织出
版社，2013.

［52］王佳丽.中国南方少数民族服装结构研究[D].北京：北京服装学院，2010.

［53］《中国少数民族社会历史调查资料丛刊》修订编辑委员会.广西瑶族社会历
史调查（三）[M].北京：民族出版社，2009.